Heimatkundliche Buchreihe
zum
östlichen Rheinischen Schiefergebirge

Band

100.000 Taunusstein

von
Alexander Stahr

Umschlagbilder:
Vorderseite: Das Aartal bei Wehen
Rückseite: Blick über das obere Aartal bei Wehen
Fotos: Dr. Alexander Stahr
Grafiken: Dr. Ewald Langenscheidt

Zuschriften und Kritik an: Lahnbrück-Verlag, Über dem Hainberg 2,
35781 Weilburg, Kritik@Lahnbrueck-Verlag.de

Wichtiger Hinweis für den Leser:
Der Verlag und der Autor haben die größtmögliche Sorgfalt walten lassen, um vollständige und zutreffende Informationen in diesem Buch zu präsentieren. Hinweise oder Verbesserungsvorschläge nimmt der Verlag gerne entgegen. Er wird sie, falls es möglich ist und sinnvoll erscheint, in jeder weiteren Auflage des Buchs sowie in folgenden Bänden der Reihe berücksichtigen.

1. Auflage
Satz & Layout: Lahnbrück-Verlag

www. Lahnbrueck-Verlag.de
Weilburg, 2011
Druck und Bindung: Häuser KG
Printed in Germany
ISBN 978-3-9812777-7-7

Vorwort des Verlags

Der Lahnbrück-Verlag pflegt eine enge Bindung zu seiner Heimat. Dieses Werk gehört zur heimatkundlichen Buchreihe über das östliche Rheinische Schiefergebirge.

In der Reihe behandeln verschiedene Autoren regionale Themen, deren geographische Schwerpunkte im Westerwald und Taunus angesiedelt sind. Ziel ist, dem Leser die Regionen näher zu bringen. Thematisch sind (beinahe) keine Grenzen gesetzt. Unter anderem beschäftigen sich die Werke mit den Wissensgebieten Bergbau, Stadtentwicklung, Botanik, Zoologie, Geologie, Transportwesen, Industrialisierung, Bodenkunde, Dialektentwicklung etc.

Die Buchreihe versteht sich als Publikation von umfassendem Sachwissen und legt großen Wert auf präzise Recherche und Überprüfbarkeit der Inhalte. Sie richtet sich sowohl an Bewohner der Region, die mehr über ihre Heimat erfahren möchten als auch an Fremde, die sich für den Taunus und Westerwald interessieren. Da die Bücher ein breites Publikum ansprechen, stehen die anschauliche Darstellung und Verständlichkeit der Beiträge im Mittelpunkt.

Weilburg, Oktober 2011

Lahnbrück-Verlag

Der Autor

Alexander Stahr studierte an der Johann Wolfgang Goethe-Universität in Frankfurt a. M. Geographie, Geologie, Botanik und Bodenkunde mit Abschluss Diplom-Geograph. 1996 promovierte er mit einer bodenkundlichen Arbeit zum Dr. phil. nat. am Fachbereich Geowissenschaften der Universität Frankfurt a. M. Seit 1998 arbeitet der Geograph als Publizist und freiberuflicher Wissenschaftsredakteur in den Bereichen Printmedien und Internet. Im Rahmen seiner Tätigkeit entstanden zahlreiche Buchveröffentlichungen u. a. bei Springer-Verlag (Heidelberg), Schweizerbart'sche Verlagsbuchhandlung (Stuttgart), Spektrum Akademischer Verlag (Heidelberg) und Societätsverlag (Frankfurt am Main).

Danksagung

Für die Unterstützung dieses Buchprojektes danke ich

Herrn Dipl.-Forst.-Ing. (FH) Matthias Kirchner, Revierleiter der Revierförsterei Zugmantel (Forstamt Wiesbaden-Chausseehaus)
Herrn Dipl.-Geol. Dr. Ewald Langenscheidt, Büro Geo&Natur, Rotthalmünster
Herrn Geologiedirektor Prof. Dr. Karl-Josef Sabel, Hessisches Landesamt für Umwelt und Geologie (HLUG), Wiesbaden
Herrn Dipl.-Forst.-Ing. (FH) Hartmut Schneider, Revierleiter der Revierförsterei Taunusstein (Forstamt Wiesbaden-Chausseehaus)

Alexander Stahr

Zu Beginn

Über 67 Quadratkilometer erstreckt sich Taunusstein auf dem Gebiet der oberen Aar und einiger Seitentäler, einem landschaftlich reizvollen Stück des Taunus. Mit einem Waldanteil von mehr als 50 Prozent darf sich die größte Stadt im Rheingau-Taunus-Kreis zu recht als „Stadt im Grünen" bezeichnen – heute wohlbemerkt. Denn unter dem „Grün", dem Wald, finden sich zahlreiche Spuren, die von einer deutlich weniger grünen Vergangenheit während der verstrichenen Jahrhunderte an der oberen Aar und ihren Seitentälern zeugen. Sie belegen eine ungeheure Waldverwüstung und Umweltzerstörung, deren man sich schon zu Beginn des 18. Jahrhunderts bewusst wurde.
Taunusstein ist eine junge Stadt. Ebenso jung ist aus erdgeschichtlicher Sicht die Landschaft um Taunusstein, wie wir sie heute kennen. Ihren Reiz verdankt sie im Wesentlichen den Geschehnissen der vergangenen 100.000 Jahre, wenngleich ihre Geschichte Jahrmillionen zurück reicht.

Das Wissen um diese Geschehnisse und ihre Jahrmillionen alte Vergangenheit ist Generationen von Wissenschaftlern sowie einer Vielzahl an engagierten Heimatkundlern zu verdanken, die in der Gemarkung Taunusstein geforscht und recherchiert haben. Dieser Band berichtet in groben Zügen darüber, was sich in den vergangenen 100.000 Jahren in der Taunussteiner Landschaft ereignet hat. Die folgenden Ausführungen sind daher als leicht verständliche Zusammenfassung grundlegender Forschungsergebnisse der vergangenen Jahrzehnte zu verstehen.

Der vorliegende Band möchte die Leserinnen und Leser auch dazu anregen, die Landschaft um Taunusstein mit anderen Augen zu betrachten, d. h. in der Landschaft zu „lesen". Er gibt Antworten auf Fragen, die einem aufmerksamen Beobachter bei Spaziergängen durch die Taunussteiner Landschaft vielleicht bereits spontan in den Sinn kamen. Etwa: Wie entstand das weite Aartal in der Gemarkung Taunusstein bei so einem kleinen Bach? Welch merkwürdige Formen sind das eigentlich im Waldboden? Sind die Wälder um Taunusstein Überreste eines einstigen Urwaldes? Oder: Gab es einmal Gletscher im Taunus?

Dieser Band liefert Antworten auf diese Fragen. Er wendet sich daher sowohl an alle Bürgerinnen und Bürger der Stadt Taunusstein und ihrer benachbarten Gemeinden und Städte als auch an naturkundlich interessierte Laien, ebenso wie an Lehrer, Schüler, Studenten, Gäste und alle, die mit der jungen Stadt Taunusstein verbunden sind. Vielleicht liefert dieser Band auch Anregungen für Entscheidungsträger in Verbänden, Vereinen und Behörden. Um Leserinnen und Leser nicht mit fachspezifischen Details zu überfluten, sind im Folgenden Vereinfachungen und letztendlich der Verzicht auf akademische Diskussionen unerlässlich.

Taunusstein, 2011

Alexander Stahr

Inhaltsverzeichnis

Kapitel 1

Blick in südöstliche Richtung
über Taunusstein-Bleidenstadt.

Prolog oder: Naturkatastrophen

Prolog oder: Naturkatastrophen

„Die Natur. Sie schafft ewig neue Gestalten; was da ist war noch nie, was war kommt nicht wieder – Alles ist neu und doch immer das Alte."

Johann Wolfgang von Goethe (1749 – 1832)

Die Geschichte der Stadt Taunusstein lässt sich im Jahr 2011 genau 40 Jahre zurückverfolgen. Am 1. Oktober 1971 entstand die Stadt durch den Zusammenschluss der Gemeinden Neuhof, Wehen, Hahn, Bleidenstadt, Seitzenhahn und Watzhahn. Im darauf folgenden Jahr kamen die Gemeinden Wingsbach, Orlen, Hambach und Niederlibbach hinzu. Urkunden, die all diese Stadtteile erstmals erwähnen, stammen aus dem Mittelalter, das um 500 nach Christus begann und um das Jahr 1500 endete. Selbst diese Stadtteile sind überaus jung im Vergleich zur Geschichte der Taunussteiner Landschaft, die mehrere Hundert Millionen Jahre zurückreicht und ihren Ursprung einst in einem tropischen Meer und seinen Küsten nahm.

1.1 Ein Exkurs: Jahrmillionen zurück

Taunusstein und tropisches Meer? Nun, diese durchaus berechtigte Frage mögen sich vielleicht manche Leserinnen und Leser stellen. Um sie zu beantworten seien zunächst ein Exkurs in die frühere Landschaftsgeschichte des Taunus und ein kurzer Blick auf den Aufbau unseres Planeten erlaubt, bevor die letzten 100.000 Jahre in den Mittelpunkt rücken.

Die Erde ist kein homogener Gesteinskörper, sondern aus unterschiedlichen Gesteinsschalen aufgebaut. Wir wissen heute durch die Erkenntnisse der Geophysik und aufgrund der Theorie der Plattentektonik, dass die äußerste erkaltete Schale aus Erdkruste und oberstem Erdmantel, Lithosphäre genannt (von griechisch lithos = Stein und sphaíra = Kugel), in zahlreiche Platten zerbrochen ist, die sich mit wenigen Zentimetern pro Jahr auf der darunter folgenden, mehr als 1.000 Grad Celsius heißen Schale, der Asthenosphäre (von griechisch asthenos = weich), bewegen.

Einige Platten tragen nur Kontinente (= kontinentale Platten), andere nur Meeresboden (= ozeanische Platten), wieder andere beides. Da zwischen den Platten keine Leerräume existieren, taucht der Rand der einen Platte im Zuge einer Plattenkollision unter den der anderen ab, hinunter in die

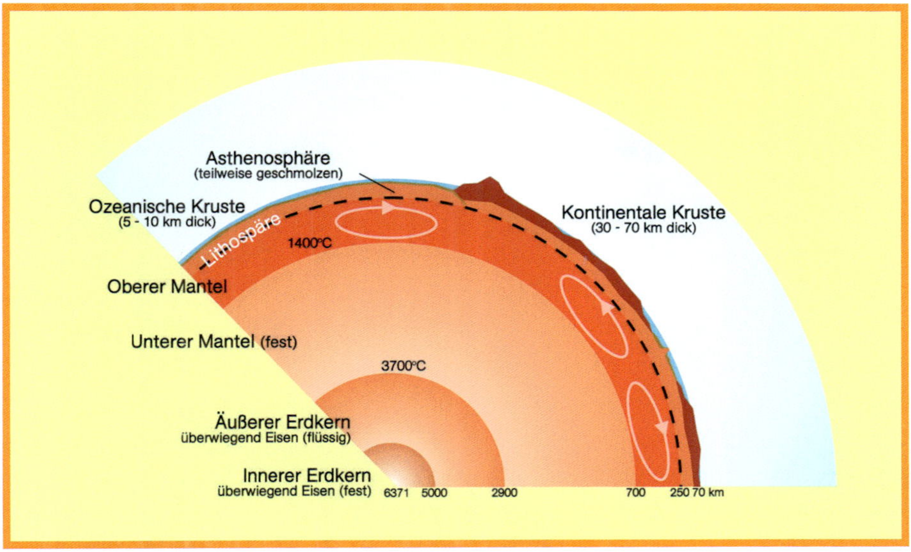

Abb. 1.1 Aufbau der Erde
Die Erde ist kein homogener Gesteinskörper. Sie ist aus verschiedenen Gesteinsschalen aufgebaut, die sich hinsichtlich ihrer chemischen Zusammensetzung, Temperatur, Dichte und ihres Aggregatzustandes (fest oder flüssig) voneinander unterscheiden. Man weiß dies u. a. durch die Untersuchung der Ausbreitung von Erdbebenwellen, die sich in verschiedenen Medien unterschiedlich verhalten.

Asthenosphäre. Dort wird er schließlich aufgeschmolzen. Der Geologe nennt dies Subduktion (von lateinisch subducere = nach unten wegführen). Die ozeanischen Platten oder Plattenteile tauchen dabei stets unter die kontinentalen Platten ab. Dies ist auch einer der Hauptgründe für heftige Erdbeben, da sich die Platten ineinander verhaken, wodurch starke Spannungen im Gestein aufgebaut werden, die sich schließlich in seismischen Wellen, auch Erdbeben genannt, entladen.

Dort, wo zwei Platten auseinander driften, entsteht zwischen ihnen durch aufsteigendes Magma ständig neuer Ozeanboden. Kollidieren zwei kontinentale Platten, so verdoppelt sich die Lithosphäre und wird tief in den elastisch reagierenden Erdmantel gedrückt. Schließlich steigt, vergleichbar mit einem Korken im Honig, langsam ein Gebirge auf. So entstand einst auch jenes, dessen Gesteine Millionen Jahre später den uns heute bekannten Taunus aufbauen.

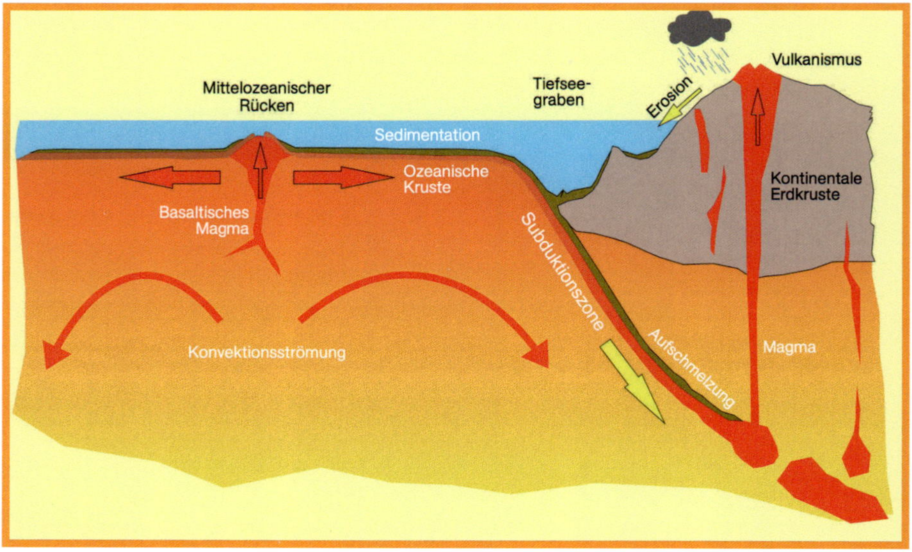

Abb. 1.2 Plattengrenzen
Schematische Darstellung der im Erdmantel ablaufenden Prozesse und ihre Auswirkungen auf die Erdkruste.

Um dies zu erläutern, – an dieser Stelle tauchen sicherlich weitere Fragen auf (etwa: Wie entstand der uns heute bekannte Taunus?) – ist noch einmal ein gewaltiger Zeitsprung um rund 390 Millionen Jahre erforderlich. Damals lag Afrika am Südpol und war Teil des großen Kontinents Gondwana zu dem auch Australien, Südamerika, die Antarktis, Madagaskar und Indien gehörten. Im Norden befand sich der Riesenkontinent Laurussia, zu dem u. a. Nordamerika zählte sowie ein Kontinent, der Teile Europas umfasste. Vom Südosten Laurussias hatte sich Millionen Jahre zuvor nahe des Äquators eine kleine Platte abgelöst, Armorica genannt. Dadurch öffnete sich unter tropischer Sonne allmählich ein lang gestrecktes, etwa 200 Kilometer breites Meeresbecken, das als Rhenohercynischer Ozean (von den lateinischen Bezeichnungen für Rhein und Harz) große Bereiche des späteren West- und Mitteleuropas einnahm. In diesem Meer wurden über Jahrmillionen Sande und Tone abgelagert. Doch vor etwa 390 Millionen Jahren kollidierte Armorica wieder mit Laurussia. Allmählich verschwand durch Subduktion nahezu der gesamte Ozeanboden des Rhenohercynischen Meeres in der Tiefe der Asthenosphäre und wurde aufgeschmolzen. Die in den langsam enger werdenden Meeresbecken noch verbliebenen Sedimente wurden zusammengeschoben und gefaltet. Sie zerbrachen und wurden angehoben. Infolge der Plattenkollision wurden die unterschiedlichen Sedimentschichten des Meeresbodens durch hohen Druck zu Quarziten (Ausgangsmaterial: Sande) und Tonschiefern (Ausgangsmaterial: Tone) umgewandelt. Schließlich kollidierten auch die beiden Großkontinente.

Diese variscische Gebirgsbildung – benannt nach den Variskern, einem suevischen Volksstamm, der einst im Fichtelgebirge um Curia Variscorum (= Hof in Bayern) siedelte – endete vor rund 250 Millionen Jahren. In ihrer Endphase wurde noch der Meeresraum im Bereich der Appalachen zwischen dem heutigen Nordamerika und Afrika geschlossen. Laurussia, Gondwana und kleinere Lithosphärenbruchstücke waren nun zum großen Superkontinent Pangaea (von griechisch "pás" = ganz und "gé" = Erde) vereint. Alle Kontinente der Erde bildeten nun eine zusammenhängende Landmasse, die vom großen variscischen Faltengebirgsbogen durchzogen war. Und der Taunus?

Nun, in den darauf folgenden Jahrmillionen zerfiel Pangaea wieder, und das variscische Gebirge wurde durch intensive Verwitterung und Erosion unter feucht-warmen Klimaten fast völlig eingeebnet. Erst durch die spätere Kollision der afrikanischen mit der eurasischen Kontinentalplatte, die zur Entstehung der Alpen führte, wurden in Mitteleuropa auch die in der Tiefe verweilenden Überreste des alten variscischen Gebirges durch den Druck der afrikanischen Platte in Form von einzelnen Bruchschollen erneut emporgehoben. Das Rheinische Schiefergebirge entstand; ein Teil seines Südrandes zwischen den Flüssen Lahn, Rhein und Main wird heute Taunus genannt.

Typische Taunussteiner Gesteine: Tonschiefer und Quarzit

Tonschiefer

Die bedeutendsten Gesteine in der Gemarkung Taunusstein sind die devonischen Tonschiefer, deren Ursprung rund 400 Millionen Jahre zurückreicht. Sie bestehen aus sehr feinkörnigen Verwitterungsprodukten, die einst in größerer Meerestiefe abgelagert wurden. Dieses sehr feinkörnige Material, das zu 60-70 Prozent aus Ton besteht, ist in so weiter Ferne von der Küste des einstigen Meeres als "Resttrübe" abgelagert worden, dass nur hin und wieder sandige Lagen eingeschaltet sind. Die Schiefer sind oft von unterschiedlich breiten Quarzgängen durchzogen. Dabei handelt es sich um eine sekundäre Erscheinung mit folgender

Entstehungsgeschichte: Durch starken Druck und erhöhte Temperatur während der Gebirgsbildung kam es zur Lösung von Kieselsäure. In Klüften und Spalten des Gesteins wurde sie infolge sich ändernder Umgebungsbedingungen wieder als so genannter Milchquarz ausgefällt. Da Quarz (chemisch: SiO_2) vergleichsweise resistent gegen Verwitterung ist, bleibt er, nachdem der Schiefer verwittert ist, erhalten. Daher finden sich im Verwitterungsschutt der Schiefer zahlreiche Quarzbrocken unterschiedlichster Größe, die sich hinsichtlich ihrer Entstehung vom Quarzit des Taunuskammes unterscheiden, wenngleich es sich in beiden Fällen vom Chemismus her gesehen um das gleiche Material, um Quarz, handelt.

Abb. 1.3 Tonschiefer

Quarzit

Der im Bruch fast weiße Quarzit des Taunuskammes ist südöstlich im Stadtgebiet von Taunusstein verbreitet und wohl das typischste aller Taunusgesteine, daher wird er auch allgemein als „Taunusquarzit" bezeichnet. Die Quarzkörner des Gesteins sind stark miteinander verkittet. Dieses Gestein ist sehr widerstandsfähig gegenüber der Verwitterung und bildet daher meist die Gipfel der höchsten Berge des Taunus – mit Ausnahme des Großen Feldbergs – sowie diejenigen der Gemarkung Taunusstein. Der Quazit bildet zum Beispiel die Gipfel des Eichelbergs (536 m) und des Altensteins (501 m). Auch der Gipfel der Hohen Wurzel (618 m), des zweithöchsten Berges des Rheingau-Taunus-Kreises, der gleichzeitig die höchste Erhebung in der Gemarkung Taunusstein darstellt, besteht aus Quarzit. Unterlagert

werden die Quarzite, etwa am Eichelberg, von schwach verfestigten Sandsteinen der Hermeskeil-Schichten.
Im Quarzit eingeschlossene Korallen belegen die geringe Meerestiefe und das warme Klima zur Zeit der Entstehung des Quarzites. Als Rohstoff für die Bauindustrie ist dieses harte Gestein seit jeher sehr begehrt. Bereits die Römer errichteten aus Taunusquarzit ihre Kastelle und Wachtürme. Ein höherer Anteil an Kieselsäure oder Quarz – wir kennen kristallinen Quarz zum Beispiel als Bergkristall, Amethyst oder Rosenquarz – sorgte an einigen Stellen des Taunushauptkammes dafür, dass Felsklippen wie das Naturdenkmal Altenstein von der intensiven Verwitterung unter feuchtwarmem Tropenklima als "Härtlinge" herauspräpariert wurden.

Abb. 1.4 Quarzit

1.2 Naturkatastrophen: Eiszeit und Mensch

Die Gesteine des Taunus und somit der „Unterbau" der Taunussteiner Landschaft haben ihre Ursprünge in einem tropischen Meer. Ihr heutiges Erscheinungsbild verdankt die Landschaft jedoch vor allem zwei jungen Naturkatastrophen, deren Spuren überall gegenwärtig sind. Man nennt sie Eiszeit und Mensch. Vor dem Hintergrund geologischer Zeitrechnung kann man durchaus von Naturkatastrophen sprechen; denn das Wort „Naturkatastrophe" setzt sich aus dem lateinischen Wort natura = Geburt

Abb. 1.5 Naturdenkmal Altenstein

Ein Naturdenkmal kann ein Baum oder eine außergewöhnliche Felsformation wie der Altenstein oberhalb von Hahn sein. Naturdenkmale werden ausgewiesen, wenn sich Objekte durch ihre Seltenheit, Schönheit oder besonderen Wert für die Wissenschaft oder Heimatkunde auszeichnen. So sind zum Beispiel viele alte Eichen oder Linden wie der Bettelmannsbaum am Wehener Friedhof Naturdenkmale, weil sie mehrere hundert Jahre alt und damit besonderes selten und stattlich sind. Ein Naturdenkmal darf nicht verändert werden.

und dem griechischen Begriff katastréphein = umwenden zusammen. Katá bedeutet im Griechischen völlig, und strophé ist die Wendung. „Katastrophe" bezeichnet in antiken Dramen den plötzlichen Wendepunkt im Sinne von Unglück oder Verheerung. Das Wort „Naturkatastrophe" bezeichnet also eine plötzliche, unheilvolle und verheerende Wendung sowohl durch als auch für die Natur. Aus menschlicher Sicht sind daher Naturgewalten wie Vulkanausbrüche, Überschwemmungen oder verheerende Stürme Naturkatastrophen, für die Natur jedoch nicht; denn die Natur erholt sich schnell von den örtlich begrenzten Verwüstungen.

Naturkatastrophen im Sinn von plötzlicher Wendung für die Natur sind rasche Veränderungen, die weiträumig oder global wirksam und von langer Dauer sind. Dazu gehören der Wechsel von Eis- und Warmzeiten und auch das Wirken des Menschen.

Abb. 1.6 Naturgewalt
Im Februar 2010 fegte Sturmtief "Xynthia" über Taunusstein hinweg und zerbarst diesen Stamm oberhalb des Neubaugebietes Freiäcker. Ein Mitglied einer Wandergruppe kam bei Taunusstein während des Sturms durch einen herabstürzenden Ast zu Tode.

1.3 Unscheinbar: Spuren von Naturkatastrophen

Anders als in den Alpen und ihrem Vorland oder in hohen Mittelgebirgen wie dem Schwarzwald, sind die Hinterlassenschaften der Eiszeiten, insbesondere der jüngsten, im Taunus eher unscheinbar. Hier gibt es keine Moränenwälle, Karseen, vom Eis abgeschliffene Felsen oder andere auffällige Landschaftsformen, wie sie die Gletscher in den Alpen, ihrem Vorland oder im Schwarzwald hinterließen. Sehr augenfällig hingegen sind die Spuren des Menschen, die Verkehrswege, Städte, Siedlungen und Gewerbegebiete. Aber auch bereits in historischer Zeit hinterließ der Mensch Zeugnisse, die auf den ersten Blick unscheinbar anmuten. So berichten in den Wäldern um Taunusstein zahllose Hohlwege, Ackerterrassen, römische Hinterlassenschaften und unzählige Kohlenmeilerplätze vom Umgang des Menschen mit der Landschaft während der letzten Jahrhunderte.

Aus erdgeschichtlicher Sicht begann der Mensch erst vor kurzem, in die Landschaft um Taunusstein einzugreifen. Aber mit was für einer unglaublichen Geschwindigkeit! Wozu Verwitterung und Erosion Jahrtausende, gar Jahrmillionen brauchten, benötigt der Mensch heute mitunter nur wenige Jahre, Monate, Wochen oder Tage. Man kann durchaus sagen, dass der Mensch über Jahrtausende zum dominierenden Formungsfaktor der Taunussteiner Landschaft geworden ist. Und das nicht immer zu ihren Gunsten. Aber davon später.

Abb. 1.7 Taunusstein
Blick über den Taunussteiner Stadtteil Wehen zum Taunuskamm mit dem 536 m hohen Eichelberg (rechte Bildhälfte). Was jenseits der Bebauung an der Erdoberfläche als unberührte Natur erscheint, ist ohne Ausnahme von der Naturgewalt Mensch geschaffen.

Abb. 1.8 Neubaugebiet Freiäcker
Blick auf das Neubaugebiet „Freiäcker", das zum Stadtteil Wehen gehört. Die junge Stadt Taunusstein wächst. Im Jahr 1998 begann die Erschließung des Baugebietes "Freiäcker" durch die Stadt Taunusstein. Weitere Neubaugebiete in der Gemarkung entstanden. In kürzester Zeit wird Kulturland in Bauland umgewandelt.

Die Bezeichnung "Freiäcker"

Vom Mittelalter bis ins 19. Jahrhundert mussten Bauern den zehnten Teil ihres Ernte-Ertrages, den Zehnt, an Kirche oder Obrigkeit abliefern. Doch es gab auch Äcker und Wiesen, auf die der Zehnt aus verschiedenen Gründen nicht erhoben wurde. Einer dieser Gründe war zum Beispiel die unterschiedliche Bodenqualität von Äckern mit guten und weniger guten Erträgen. Man kann hierbei von einer frühen Form der Subvention sprechen. Nicht zehntpflichtige Flächen hießen "Freyacker" oder "Freywiese". Sie waren somit frei von Abgaben. Im Amt Wehen waren noch im Jahr 1844 17.348 Morgen zehntpflichtig, 14.030 Morgen zehntfrei. Vier Morgen entsprechen dabei einem Hektar = 10.000 Quadratmeter.

Abb. 1.9 Neubaugebiet Rothehustert/Im Dornbusch
2011 wurde das Seitzenhahner Neubaugebiet Rothehustert/Im Dornbusch erschlossen. Ein Nebeneffekt solcher Baumaßnahmen ist, dass größere Aufschlüsse im Untergrund entstehen, die dem Erdwissenschaftler neue Einblicke gewähren.

Abb. 1.10 Spuren

Zu den eher unscheinbaren Spuren des Menschen in der Taunussteiner Gemarkung zählen die Überreste römischer Bauten. So etwa diejenigen des Kastells Zugmantel bei Orlen. Es wurde 90 n. Chr. in einem der ältesten Abschnitte des obergermanischen Limes als Numeruskastell aus Holz erbaut und 223 n. Chr. als Steinkastell zu seiner endgültigen Größe von 2,1 Hektar erweitert. Es bestand bis zum Jahr 260 n. Chr. Unscheinbare Erdwälle zu beiden Seiten des Weges zeugen vom Standort des ehemaligen Kastells Zugmantel.

Kapitel 2

Ihr heutiges Erscheinungsbild verdankt die Taunussteiner Landschaft neben dem Wirken des Menschen vor allem dem frostigen Klima der Eiszeiten.

100.000 b. p.

100.000 b. p.

„Möchten unsere Nachfolger dies alles zusammenfassen, die Natur wiederholt betrachten, die Beschaffenheit der Teile genauer bestimmen, die Bedingungen der Umstände schärfer angeben, die Masse entschiedener bezeichnen und dadurch das, was ihre Vorfahren getan, vervollständigen, oder wie man unhöflicher zu sagen pflegt, berichtigen."

Johann Wolfgang von Goethe (1749-1832)

100.000 b. p. – diese Zahl markiert die Frühphase der letzten Eiszeit (b. p. = before present = vor heute), eine von zahlreichen innerhalb der letzten 2,6 Millionen Jahre. Diese Eiszeit, Würm- oder Weichsel-Eiszeit genannt, währte rund 90.000 Jahre. Vor allem ihre Spuren sind – wenn auch eher unscheinbar – überall im Taunussteiner Stadtgebiet zu finden.

„Eiszeit" – der Begriff erweckt bei vielen Leuten ganz bestimmte Assoziationen. Man hat eine weiße, gefrorene Welt mit gewaltigen Eismassen vor

Abb. 2.1 Eiszeit
Viele Menschen stellen sich unter dem Begriff „Eiszeit" eine Welt unter Eis mit gigantischen Gletschern vor.

Augen. Vielleicht so wie im computeranimierten Film „Ice Age" aus dem Jahr 2002, mit Scrat auf ewiger Eicheljagd im steilen Gletschereis. Tatsächlich bewegten sich auf dem Höhepunkt der letzten Eiszeit vor etwa 25.000-18.000 Jahren, dem so genannten Hochglazial, gewaltige Gletscher aus Skandinavien in Richtung Nord- und Ostdeutschland. Die Alpen waren von einem Eisstromnetz erfüllt, dessen Zungen weit nach Norden in das Vorland vorstießen. Nur die höchsten Alpengipfel ragten als so genannte Nunataker aus den Eismassen heraus.

Abb. 2.2 Wolf
Neben Mammut, Wollnashorn, Riesenhirsch oder Rentier, ist auch der Wolf ein typischer Vertreter der eiszeitlichen Fauna und war vermutlich einst auch in der Gegend um Taunusstein Nahrungskonkurrent der eiszeitlichen Jäger und Sammler.

Doch zwischen den Gletschern im Norden und Süden, dort, wo sich heute Taunusstein erstreckt, herrschte während des Hochglazials arktisches Tundrenklima. Hier gab es also keine Gletscher. Man spricht auch vom Periglazial (von griechisch peri = um und von lateinisch glacies = Eis). Im Taunus und anderen Mittelgebirgen war es im Hochglazial so kalt, dass der

Boden bis in größere Tiefen dauerhaft gefroren war. Im Juli lagen die Temperaturen durchschnittlich bei unter 10 Grad Celsius. Heute kennt man dies zum Beispiel aus Sibirien, wo der Untergrund im Gebiet des Polarkreises bis zu 100 Meter tief gefroren ist.

Abb. 2.3 Luchs
Auch der Luchs war während der letzten Eiszeit sicherlich Nahrungskonkurrent und Beute des Menschen. Obwohl der Luchs bereits vor 150 Jahren in Hessen als ausgestorben galt, ist er inzwischen bei Taunusstein und im Aartal wieder aufgetaucht.

Pleistozän

von griechisch pleistos = am meisten und keinos = neu. So heißt die erdgeschichtliche Epoche, die vor 2,6 Millionen Jahren begann (= Beginn der Steinzeit) und vor rund 11.660 Jahren endete (= Ende der letzten Eiszeit). Ihr folgte das Holozän (griechisch = das völlig Neue), unsere derzeitige Warmzeit.

2.1 Serengeti im Rhein-Main-Gebiet – ein weiterer und interessanter Exkurs vor dem Hintergrund des aktuellen Klimawandels

Die letzte Eiszeit folgte einer Warmzeit innerhalb des Pleistozäns, die wesentlich höhere Jahresdurchschnittstemperaturen aufwies als unsere derzeitige, Holozän genannt. Für den nordeuropäischen Raum wird sie als Eem-Warmzeit (benannt nach dem Fluss Eem in den Niederlanden) und für den süddeutschen Raum als Riß-Würm-Interglazial bezeichnet, benannt nach Flüssen des bayerisch-schwäbischen Alpenvorlandes.

Die Tierwelt Mitteleuropas glich in dieser letzten Warmzeit fast derjenigen, die wir heute im trockentropischen Ostafrika oder im tropischen Zentralafrika vorfinden. Zu ihren Vertretern gehörten fossilen Funden zufolge unter anderen der Waldelefant (*Elephas antiquus*), das Nashorn (*Dicerorhinus kirchbergensis*), der Auerochse (*Bos primigenius*), das Flusspferd (*Hippopotamus amphibius*), der Wasserbüffel (*Bubalus murrensis*), die Sumpfschildkröte (*Mauremys orbicularis*), der Höhlenlöwe (*Panthera leo spelaea*) und die Höhlenhyäne (*Crocuta spelaea*). Sehr strenge Winter, wie sie in unseren Breiten heute vorkommen können, hätten Flusspferde wohl kaum überlebt, sodass unsere Warmzeit im Vergleich zur vorangegangenen bisher eigentlich zu kalt ist.

Abb. 2.4 Höhlenlöwe
Die mächtige Raubkatze jagte sowohl während des Riß-Würm-Interglazials als auch in der Würm-Eiszeit in Mitteleuropa, denn unter beiden Klimabedingungen waren genügend Beutetiere vorhanden.

2.2 Klimawandel

Die längste Phase der letzten Eiszeit, das so genannte Frühglazial, war durch den mehrfachen Wechsel von kälteren und wärmeren Klimabedingungen charakterisiert. Heute sind innerhalb der Würm- oder Weichseleiszeit mindestens sechs Stadiale und Interstadiale bekannt (Stadiale = Kaltphasen und Interstadiale = Warmphasen innerhalb einer Eiszeit). Man weiß das zum Beispiel durch die Bestimmung von Pflanzenüberresten und Blütenpollen aus Bohrkernen. Die Auswertung des Pflanzenmaterials gibt detailliert die Vegetationsentwicklung von wärmeren und kälteren Klimaphasen wieder. Auch mehrere übereinander folgende Bodenbildungen innerhalb würm- oder weichseleiszeitlicher Lössablagerungen, die nur unter wärmeren Klimaten vonstatten gehen konnten, belegen den Wechsel von kälteren und wärmeren Phasen innerhalb der letzten Eiszeit. Man spricht daher bei der Würm- oder Weichseleiszeit, ebenso wie bei älteren Eiszeiten, auch von einem Eiszeit-Komplex.

2.3 Eiszeiten und Warmzeiten

Seit sich die Forschung mit dem Thema Eiszeiten beschäftigt, standen zwei Fragen im Mittelpunkt des Interesses: Warum entstehen Eiszeiten? Und warum treten sie im Wechsel mit Warmzeiten auf? Zahlreiche Wissenschaftler haben sich darüber sozusagen „den Kopf zerbrochen", und demzufolge mag es nicht verwundern, dass eine Vielzahl von Theorien entstand. Die bislang beste Antwort auf die Frage nach dem Wechsel von Eis- und Warmzeiten lieferte der astronomische Ansatz des Belgrader Astrophysikers und Mathematikers Milutin Milanković (1879-1958). Milanković entwickelte die so genannten Milanković-Zyklen. Sie beschreiben die Bewegungen der Erde um ihre Achse und ihre Bahn um die Sonne.

Dass es überhaupt zu Eiszeiten kommen kann, wird heute durch die Theorie der Plattentektonik erklärt. In der Erdgeschichte gab es lange Zeit kein Festland in den Polregionen. Warme Meeresströmungen konnten diese vom Äquator kommend durchströmen. Somit wurden die Temperaturen recht gleichmäßig über die ganze Erde verteilt. Durch die Wanderung der Kontinente gelangten große Landmassen in Regionen, in denen sie den Wärmetransport der Meeresströmungen unterbrachen. Besonders stark ist

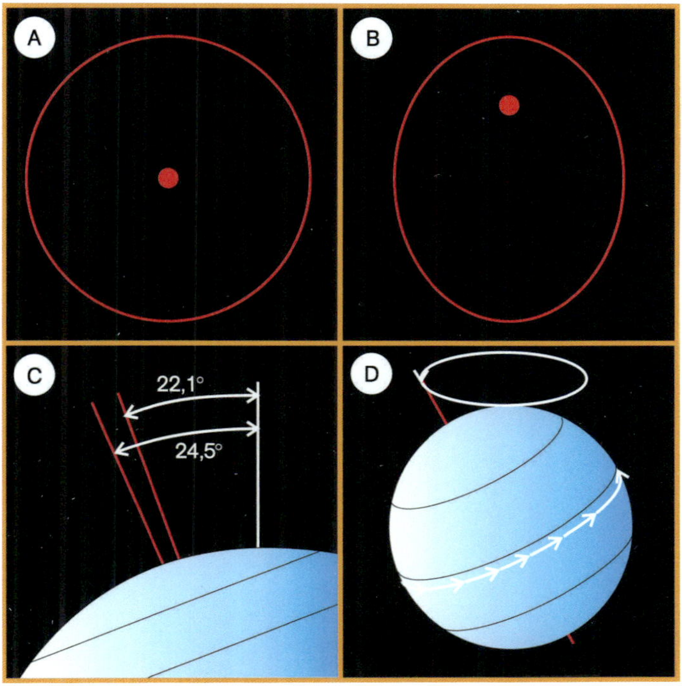

Abb. 2.5 Astronomische Parameter
Die Exzentrizität der Erdbahn um die Sonne (A ohne Exzentrizität, B mit einer Exzentrizität von 0,5), die Schiefe der Erdachse (C) und die Präzession der Erdachse (D) bewirken eine zyklische Veränderung der Intensität der Sonneneinstrahlung.

dieser Effekt, wenn Kontinente direkt an den Polen oder in ihrer Nähe liegen, so wie dies heute in der Arktis und Antarktis der Fall ist. Die Temperaturunterschiede zwischen dem Äquator und den Polen nehmen dadurch stark zu. Dies ermöglicht die Entstehung von Gletschern in den höheren Breiten. Zudem reagieren Landmassen stärker auf Änderungen der Strahlung als Meerwasser. Da die astronomischen Parameter Zyklen unterworfen sind, war nun auch der Wechsel zwischen Eis- und Warmzeiten möglich. Dafür spricht auch die Tatsache, dass die Milanković-Zyklen Jahrzehntausende bis Jahrhunderttausende umfassen, jedoch im Mesozoikum (vor etwa 250 – 70 Millionen Jahren) über Jahrmillionen keine nennenswerten Vereisungen der Erde nachzuweisen sind, da sich keine Landmassen in Polnähe befanden.

Verräterische Isotope

Wieso weiß man, wann es in der Vergangenheit kalt oder warm war?
Die Klimaschwankungen im Pleistozän ließen die Gletscher mehrfach bis ins Alpenvorland vorstoßen und wieder bis auf heutige Ausmaße abschmelzen. In der Arktis und Antarktis bewirkten diese klimatischen Veränderungen zwar auch beträchtliche Schwankungen im Eisvolumen, doch die gewaltigen Eismassen dieser Regionen verschwanden in Anbetracht ihrer Pol-Lage und der dort vorherrschenden Klimaverhältnisse niemals in auch nur annähernd vergleichbarer Art und Weise. Daher konnten Eisbohrkerne gewonnen werden, die aufgrund der Sauerstoff-Isotopen-Verhältnisse das Klima der vergangenen 150.000 Jahre lückenlos wiedergeben. Man spricht auch von der Sauerstoff-Isotopen-Methode oder von Sauerstoff-Isotopen-Stadien (OIS = oxygen isotope stages). Auch aus Tiefseebohrkernen konnten anhand der Kalkgehäuse von Foraminiferen (einzellige Lebewesen) Sauerstoff-Isotopen-Stadien bestimmt werden.
Atome bestehen aus Protonen, Neutronen und Elektronen. Isotope (von griechisch ísos = gleich und tópos = Ort, Gegend) sind Atome eines Elements wie Sauerstoff, die eine unterschiedliche Anzahl an Neutronen und somit eine unterschiedliche Massenzahl aufweisen. Beim Sauerstoff (O) gibt es die Isotope ^{16}O, ^{17}O und ^{18}O. Das Verhältnis zwischen ^{16}O und ^{18}O ist abhängig von der Temperatur. In einer Kaltphase wird mehr leichtes ^{16}O im Eis festgelegt, ^{18}O reichert sich hingegen relativ im Meerwasser an. Ermittelt man durch Datierungen das Alter von einzelnen Schichten in Tiefseebohrkernen, erhält man eine Zeit-Temperatur-Kurve, die für die letzten 900.000 Jahre gut mit den astronomischen Milanković-Zyklen übereinstimmt. Auch Pollenanalysen zeigen aufgrund des Vegetationsspektrums in Verbindung mit Datierungen, ob und wann kältere oder wärmere Klimaphasen vorherrschten.

Die astronomischen Parameter sind verantwortlich für die Stärke der Sonneneinstrahlung und somit für die Temperaturen auf der Erde. Dazu zählen die Schiefe der Ekliptik (Neigung der Erdachse), die Präzession der Erdachse (Trudeln der Erdachse wie ein Kinderkreisel) und die Exzentrizität der Erdbahn um die Sonne (Form der Erdbahn). Dass astronomische Parameter für die Entstehung von Eiszeiten bedeutsam sind, postulierten schon der französische Mathematiker Joseph-Alphonse Adhémar (1797-1862) und der schottische Naturforscher James Croll (1821-1890). Eine definitive Antwort auf die Frage nach der Ursache von Eiszeit-Warmzeit-Zyklen ist bis heute jedoch nicht möglich. Es handelt sich sehr wahrscheinlich um äußert komplexe Wechselwirkungen zwischen mehreren Auslösemechanismen.

2.4 Und in der Zukunft?

Seit einigen Jahren geistert der Begriff „Klimawandel“ durch die Medien. Global wird das Klima wärmer. Doch das Klima – ein statistischer Mittelwert – hat sich immer gewandelt. In der Vergangenheit sogar schneller und mit höheren Jahresdurchschnittstemperaturen als es „Experten“ für die Zukunft prognostizieren. Auch ohne den Einfluss des Menschen. In den Alpen legten zurückschmelzende Gletscher Bergwerkstollen und Überreste von Wäldern frei. Man denke auch an Grönland bzw. Grünland. Und in der letzten Warmzeit tummelten sich Flusspferde in Mitteleuropa. Und wie bereits erwähnt, ist unsere Warmzeit, das Holozän, im Vergleich zur letzten Warmzeit, dem Eem-Interglazial, zu kalt. Im Durchschnitt um fünf Grad Celsius.

Fakt ist: Wir leben in einer Warmzeit des Eiszeitalters. Sie wird Holozän genannt. Die letzten Eiszeiten oder Eiszeitkomplexe des Pleistozäns umfassten jeweils etwa 90.000 bis 100.000 Jahre. Die dazwischen liegenden Warmzeiten dauerten rund 10.000 bis 20.000 Jahre. Unsere Warmzeit begann vor mehr als 10.000 Jahren. Vor dem Hintergrund der Milankovitch-Zyklen und der Tatsache, dass die Kontinente immer noch in etwa da liegen, wo sie vor 2,6 Millionen Jahren lagen, steuern wir mit großer Wahrscheinlichkeit auf eine neue Eiszeit zu. Ob in 5.000 oder 10.000 Jahren, das weiß niemand.

Kapitel 3

Die Aar zwischen Taunusstein-Hahn und Taunusstein-Wehen.

Die Aar – Ein Bach im Flussbett

Die Aar – Ein Bach im Flussbett

„Kein Ding sieht so aus, wie es ist."

Wilhelm Busch (1832-1908)

Eines der vielen Zeugnisse des Eiszeitalters ist das Aartal im Taunussteiner Stadtgebiet. Denn wer über die Aarstraße vom Taunussteiner Stadtteil Neuhof nach Wehen fährt oder die Dornbornstraße in Wehen, etwa von der Wiesenstraße ausgehend, vorbei an den Aussiedlerhöfen nach Hahn entlang spaziert, mag sich vielleicht darüber wundern, in welch einer weiten Talmulde die Aar dahin fließt. Man müsste schon genau hinsehen, um den Bach zu erkennen, wären da nicht die Weiden und andere Feuchtigkeit liebende Gewächse, die den Verlauf des Gewässers markieren.

Abb. 3.1 Die Aue der Aar bei Wehen
Die Baumreihe in der Bildmitte markiert den Verlauf der Aar. Ohne diese wäre der Bach von der Dornbornstraße aus nicht zu erahnen.

Wie konnte ein kleiner Bach solch ein weites Tal schaffen? Auch im weiteren Verlauf der Aar stellt sich die Frage nach dem wie. Denn in historischer Zeit hat sich die Aar, wenn auch vielfach vom Menschen umgeleitet, nicht wesentlich tiefer in den Untergrund aus den Millionen Jahre alten Tonschiefern hineingefressen.

Abb. 3.2 Die Aar
Der Bach im Winter an der Wiesenstraße in Taunusstein-Wehen. Kaum vorstellbar, dass dieses kleine Gewässer ein weites Tal schaffen konnte.

Die Antwort ist vielleicht überraschend, aber einfach: Dort, wo heute die Aar fließt, strömte zumindest zeitweilig ein reißender Fluss. Ein Fluss mit vielen Verzweigungen, Kies- und Sandbänken, der ständig sein Gesicht änderte. Ähnliche Gewässer, man spricht dabei von Breitenverzweigung, finden sich heute zum Beispiel in Alaska oder auf der Inselgruppe Svalbart (im deutschen Sprachgebrauch als Spitzbergen bekannt; nördlich von Norwegen).

In den kurzen Sommern taut der Boden dort nur oberflächlich auf. Vergleichbar war es im eiszeitlichen Taunus. Da Tau- und Niederschlagswasser im gefrorenen Untergrund nicht versickern konnten, strömte

Abb. 3.3 Breitenverzweigung
Flüsse in der Arktis, aber auch einige Alpenflüsse, sind Wildflüsse ohne Regulierung, die ständig ihr Erscheinungsbild durch immer neue Verzweigungen, Kies- und Sandbänke verändern. Ähnlich wie der abgebildete Lech in den Nördlichen Kalkalpen dürfte die Aar während der letzten Eiszeit phasenweise ausgesehen haben.

zeitweise das gesamte anfallende Wasser zu Tal. Die eiszeitliche Aar wurde dadurch für jeweils kurze Zeit zum reißenden Fluss. Eine vage Vorstellung hiervon bekommt man, wenn die Aar bei gefrorenem Boden im Winter Hochwasser führt und das Aartal stellenweise in eine Seenplatte verwandelt. Doch heutzutage wird das Niederschlags- und Tauwasser zu einem gewissen Anteil von der Kanalisation abgeleitet und von der Vegetation zurückgehalten.

3.1 Bodenfließen

Schleifmittel, um das Tal zu weiten, standen der Aar während der Eiszeit ausreichend zur Verfügung. Eine intensive Frostsprengungsverwitterung bei – im Vergleich zu heute – nur spärlicher Vegetation, erzeugte große Mengen an Schutt. Diese spülte das Wasser der Schneeschmelzen über den Dauerfrostboden die Hänge hinunter zu Tal. Zudem taute der waldfreie

Abb. 3.4 Aar-Hochwasser
Starkregen bei noch gefrorenem Boden lässt die Aar auch heute noch über die Ufer treten. Dabei bekommt man einen ungefähren Eindruck einer eiszeitlichen Aar, hier in Bleidenstadt.

Untergrund in den etwas wärmeren Monaten oberflächlich auf. So begann sich das vom Tauwasser durchtränkte Lockermaterial langsam die Hänge hinab zu bewegen. Man bezeichnet diesen Vorgang als Solifluktion, was übersetzt „Bodenfließen" heißt (von lateinisch solum = Boden und fluere = fließen). Auf diese Weise wurde der Aar zusätzlich Schutt zugeführt, und die Hänge wurden allmählich abgetragen, was zusammen mit der Erosion durch das Gewässer zur Weitung des Aartals führte.

Solifluktion

oder Bodenfließen kann auf zwei Arten erfolgen. Bei der ersten Art dehnt sich Wasser beim Gefrieren aus. Dadurch werden am Hang Gesteinskörner unterschiedlichster Größe senkrecht zur Hangoberfläche angehoben. Taut das Bodeneis, bewegen sich die Gesteinskörner lotrecht nach unten. Auf diese Weise „wandert" das gesamte Lockermaterial des Hanges allmählich talwärts. Bei der zweiten Art steht ein großes Wasserangebot zur Verfügung, weshalb sich das Lockermaterial eines Hanges, ähnlich wie Gletschereis, in Fließloben den Hang hinab bewegt. Dies kann man heute z. B. vielerorts in den Zentralalpen in Höhenlagen von über 2.000 Metern beobachten. Durch das Bodenfließen entstanden im Taunus und in vielen anderen Mittelgebirgen so genannte Solifluktionsschuttdecken über dem anstehenden Gestein. Typisch für diese ist die Einregelung der Längsachsen von gröberen Komponenten in Richtung des Gefälles. Man kann dies im Taunussteiner Stadtgebiet sehr schön an Wegböschungen erkennen.

Abb. 3.5 Solifluktionsschuttdecke im Aartal bei Taunusstein.

3.2 Kiesterrassen

Die reißende Aar war in der Lage, große Mengen an Schutt aus dem Tal zu räumen. Überreste davon bildeten zu beiden Seiten des Tales schließlich Kiesterrassen. Diese werden überdeckt von Lössablagerungen und Auelehm, der im Stadtgebiet 1,5 bis knapp 4 Meter mächtig ist. Folglich kann man davon ausgehen, dass die Bodenoberfläche im Aartal früher um diesen Betrag tiefer lag. Die Kiese beiderseits der Aar hat man nahe der Magistrale bei Bleidenstadt in 2,5 Metern Tiefe, an der Aarbrücke bei Seitzenhahn in einer Tiefe von 3,5 Metern, erbohrt. Die Bohrungen erfolgten durch das Hessische Landesamt für Umwelt und Geologie (HLUG) in Wiesbaden.

Auenlehm

besteht aus abgetragenem Bodenmaterial, das in der Aue wieder abgelagert wurde. Ursache dieses Prozesses ist der Eingriff des Menschen in die natürliche Vegetation über den Zeitraum von Jahrhunderten.

Abb. 3.6 Blick auf den Auenlehm in der Aar-Aue zwischen Bleidenstadt und Hahn, dem Lebensraum des seltenen und streng geschützten Dunklen Wiesenkopf-Ameisenbläulings (Phengaris nausithous) einem Tagfalter, der an Feuchtwiesen in der Aue gebunden ist.

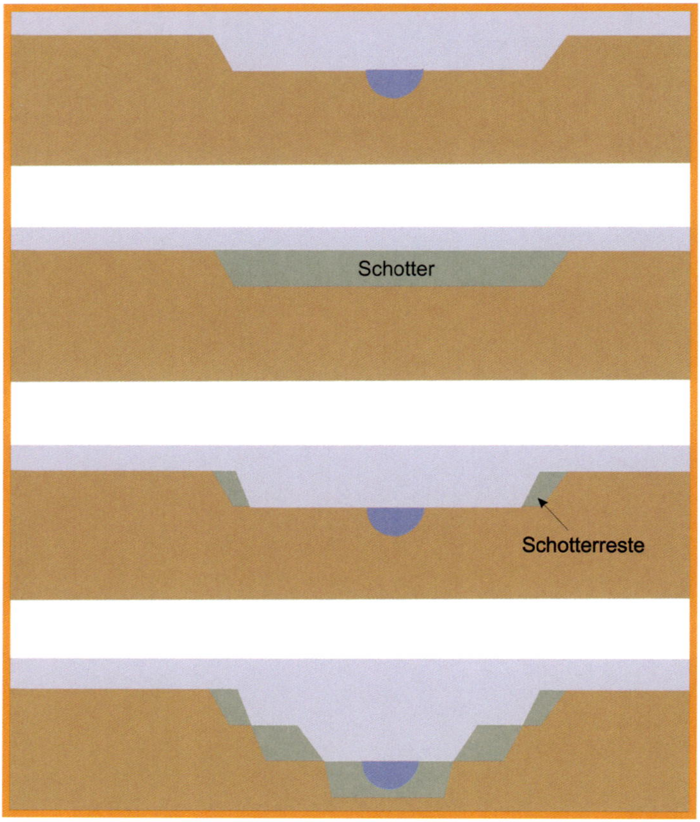

Abb. 3.7 Die Entstehung von Terrassen

A) Eine Terrasse, die durch Ausräumung von Schottern während oder am Ende einer Eiszeit entstanden ist. In der dargestellten Warmzeit hat die Aar, die während der Eiszeit zeitweilig zum Fluss wurde, endgültig ihre Erosionskraft verloren, sie wird zum Bach.

B) In der folgenden Eiszeit kommt es infolge starker Materialzufuhr von den Hängen zu einer Einschotterung der Terrasse.

C) Die Terrasse wird während der Eiszeit durch Wärmeschwankungen oder gegen Ende der Eiszeit erneut ausgeräumt. Ein Teil der Schotter bleibt als Terrasse erhalten. Das Fließgewässer verliert in der darauf folgenden Warmzeit wieder seine Erosionskraft.

D) Durch den Wechsel von Warm- und Eiszeiten entstand eine Abfolge von Schotterterrassen an beiden Ufern. Dabei kann es innerhalb einer Eiszeit durch Wärmeschwankungen mehrfach zur Ausräumung der Schotter kommen, sodass durchaus mehrere Terrassen während einer Eiszeit entstehen können.

Abb. 3.8 Das Aartal zwischen Wehen und Neuhof
Blick von der Aarstraße (B 275) über das Aartal.

Kapitel 4

Blick von der Seitzenhahner Roßbachhöhe ins Aartal.

Asymmetrie und Dellen

Asymmetrie und Dellen

„Jedes Ding hat zwei Seiten"

Deutsches Sprichwort

Das Taunussteiner Aartal zwischen Neuhof und Bleidenstadt sowie andere Täler im Taunussteiner Stadtgebiet, die ungefähr von Norden nach Süden bzw. von Nordost nach Südwest verlaufen, weisen eine auffällige Asymmetrie ihres Talquerschnittes auf. Der jeweils nach Osten exponierte Hang ist stets weniger stark geneigt als der Gegenhang. Ursache hierfür sind die vorherrschenden Westwinde und die dadurch bedingte Leelage der nach Osten ausgerichteten Hänge. Auf ihnen konnten sich im Windschatten mächtigere Lössablagerungen bilden, wodurch die Fließgewässer nach Osten abgedrängt wurden. Daher finden sich auch nur auf den Westhängen größere Kiesablagerungen. Die nach Westen ausgerichteten Hänge hingegen wurden schließlich durch Unterschneidung allmählich steiler.

Löss

Abb. 4.1 Löss

Der Begriff stammt vom schweizerisch-elsässisch-schwäbischen Wort „lösch“ und bedeutet „locker“. Löss ist ein mehlartiger Gesteinsabrieb, der während einer Eiszeit durch Stürme aus den zeitweise trocken gefallenen Flussbetten (z. B. Rhein, Main) ausgeweht und als feines Lockermaterial wieder abgelagert wurde. Die Körnchen dieses Lockermaterials haben Durchmesser zwischen 0,002 und 0,02 Millimeter, sind also sehr klein. Man bezeichnet diese Korngröße auch als Schluff oder Silt. Die Lösskörnchen bestehen vor allem aus Quarz, Kalk und so genannten Tonmineralien. Das sind schichtartig oder plättchenartig aufgebaute Minerale mit der Fähigkeit, zwischen ihren Schichten Nährstoffe aufnehmen oder abgeben zu können. Löss wurde in größeren Mengen vor allem im Windschatten, im Lee der Taunushöhen abgelagert. Bekannt ist Löss auch als Heilerde.

Abb. 4.2 Asymmetrisches Tal bei Wingsbach
Das sich ungefähr in nord-südliche Richtung erstreckende Tal des Wingsbaches zeigt die typische Asymmetrie der Taunustäler. Typisch ist auch die Nutzungsverteilung von Landwirtschaft (ostexponiert) und Wald (westexponiert).

Auch die stärkere Sonneneinstrahlung auf diese Hänge spielte eine gewisse Rolle für die Asymmetrie. Hier konnte die temperaturabhängige Verwitterung der Gesteine vermehrt wirken und den Hang zusätzlich abtragen und steiler werden lassen. Die Asymmetrie der Täler hat entscheidende Auswirkungen auf die Nutzung. Auf den flacheren ostexponierten Hängen entwickelten sich in den tiefgründigeren Lössablagerungen landwirtschaftlich attraktive Böden. Die steileren westexponierten Hänge weisen hingegen oftmals nur eine flachgründige Bodendecke auf. Auf flacheren Hängen herrscht daher meist Landwirtschaft vor, während auf steileren Osthängen oft der Wald dominiert.

Abb. 4.3 Blick über das obere Aartal bei Wehen

Das von Nordost nach Südwest verlaufende obere Aartal zwischen Taunusstein-Neuhof und Taunusstein-Bleidenstadt ist über weite Strecken ein typisch asymmetrisches Tal, ein Produkt der Eiszeit. Der nach Südosten exponierte Talhang ist durch Lössanwehung deutlich flacher ausgebildet als der nach Nordwesten exponierte Hang. Der lössbedeckte Hang (Vordergrund) eignet sich infolge guter Nährstoffversorgung hervorragend für Grünlandnutzung. Für eine Ackernutzung ist der Standort wegen der oft hohen Grundwasserstände weniger gut geeignet. Der steilere Gegenhang ist bebaut.

Abb. 4.4 Dellen bei Watzhahn

Außerhalb der Forststandorte bei Watzhahn fallen auf landwirtschaftlich genutzten Flächen häufig muldenförmige, lang gestreckte Hohlformen auf, welche die Hänge hinabziehen. Man spricht von so genannten Dellen. Sie entstanden durch Abspülung, untergeordnet auch durch Solifluktion im Pleistozän.

Kapitel 5

Boden - Erwerbsgrundlage der Taunussteiner Landwirte.

Boden

Boden

"Zu den Gesetzen dieser Welt gehört es, dass nicht nur wir untrennbar an das Leben der Pflanzen gebunden sind, sondern diese auch an die Gesetze des Erdbodens. Da ist plötzlich ein unmittelbarer und tief innerlicher Zusammenhang aufgetan zwischen Mensch und dem Bau des Bodens."

Raoul Heinrich Francé (1874-1943), Begründer der Bodenökologie

Über viele Jahrmillionen, man könnte sogar sagen während der längsten Zeit der Erdgeschichte, herrschten über dem Flecken Erde, auf dem sich heute Taunusstein erstreckt, feucht-warme bis heiße Klimate. Denn vor etwa 250 Millionen Jahren, als das Erdmittelalter (Mesozoikum) begann, lag dieser Flecken noch nahe am Äquator. Auch im Tertiär, das vor 65 Millionen Jahren begann und vor 2,6 Millionen Jahren endete, herrschten warme Klimate vor. Unter solchen Klimaten ist insbesondere die chemische Verwitterung der Gesteine in Form der so genannten Hydrolyse oder Silikatverwitterung wirksam.

Silikate

sind gesteinsbildende Mineralien, deren Grundbaustein ein SiO_4-Tetraeder ist. Ein Siliziumatom ist hierbei von vier Sauerstoffatomen umgeben. 90 Prozent der Erdkruste bestehen aus Silikaten, zu denen beispielsweise Feldspat, Quarz und Glimmer zählen. Der Begriff Silikat kommt von lateinisch silex = Kiesel.

Diese bewirkt den Austausch von Ionen an der Mineraloberfläche von Gesteinen. Wasserstoff-Ionen des Wassers werden in der ersten Phase gegen Kationen des Minerals ausgetauscht. Es entstehen dadurch instabile Verbindungen, die weitere Reaktionen eingehen, bis schließlich leicht wasserlösliche Endprodukte vom Sickerwasser abgeführt werden. Diese Art der Verwitterung wird von der Kohlensäure der Niederschläge und organischen Säuren aus dem Boden beschleunigt, da sie zusätzliche Wasserstoff-Ionen liefern. Die Silikatverwitterung verursacht eine starke stoffliche Veränderung bis zum völligen Zerfall des Gesteins. Als Restprodukt bleibt das Tonmineral Kaolinit (benannt nach dem Berg Kaoling in Südwestchina) sowie, je nach Gestein, ein gegenüber der chemischen Verwitterung relativ resistenter Quarzgrus- oder Quarzsandanteil. Zudem bildet sich unter feucht-warmen Klimaten bei Verwitterung aus dem im Gestein enthaltenen Eisen die Eisenverbindung bzw. das Eisenoxid Hämatit (Fe_2O_3). Der Name stammt vom griechischen haimatoeis, was blutig bedeutet. Werden Gesteinskörnchen mit einem dünnen Häutchen aus feinen Oxidpartikeln überzogen, erscheinen sie rötlich. Man kann auch sagen, es handelt sich um Rost.

Abb. 5.1 Boden
Blick über die landwirtschaftlichen Flächen von der Watzhahner Straße nach Bleidenstadt. Boden bildet den belebten äußersten, lockeren und verwitterten Teil der Erdkruste. Boden entstand und entsteht unter dem Einfluss der so genannten Boden bildenden Faktoren. Dazu gehört die Zeit, die Eigenschaften des Ausgangsgesteins der Bodenbildung, das Klima, das Relief, Tiere und Pflanzen, die Aktivität von Mikroorganismen, das lokale Wasserangebot und nicht zuletzt der Mensch. Der Boden hat viele Funktionen. Er ist Pflanzenstandort, Produktionsgrundlage für Nahrungs- und Futtermittel, Nährstofflieferant, Filter, Puffer für Schadstoffe, Wasserspeicher und zugleich ein äußerst komplexer Lebensraum. So gibt es in einer Handvoll Oberboden mehr Lebewesen als Menschen auf der Erde. Der Boden ist eine eigene Welt unter unseren Füßen, ein Ökosystem im Dunkeln.

5.1 Saprolith

Infolge dieser über Jahrmillionen andauernden Prozesse kam es im Stadtgebiet Taunussteins auch bis in größere Tiefen zur Verwitterung der Taunusgesteine. Im Gegensatz zum oberflächennahen Zerfall des Gesteins, blieb das Schieferungsgefüge der Tonschiefer in größerer Tiefe erhalten. Dennoch wurden sie bis in eine Tiefe von mehreren Dekametern regelrecht „matschig". Sie können heute mit einer Spitzhacke oder einem Bagger gegraben werden. Für Bauherren und Bauträger im Taunussteiner Stadtgebiet ist das sicherlich nichts Neues. Man nennt diese tiefere Verwitterungszone „Faulfels" oder Saprolith (von griechisch sapros = verfault und lithos = Stein). Oberflächennah bildeten sich infolge der Silikatverwitterung über dem Saprolith rötliche, tonreiche und nährstoffarme Böden wie man sie heute aus den Tropen kennt. Solche kaolinitreichen Böden erscheinen durch das Eisenoxid Hämatit rötlich.

Abb. 5.2 Saprolith
Beim Ausheben einer Baugrube im Wehener Neubaugebiet „Freiäcker" wurde im Bereich „An der Schmidtsei" der Saprolith aus Tonschiefern vom Bagger freigelegt. Deutlich erkennt man noch das Schieferungsgefüge, den natürlichen Lagerungsverband des Gesteins.

Tonminerale

Eine wichtige Neubildung im Verlauf der chemischen Verwitterung der Gesteine sind die Tonminerale. Bei diesen handelt es sich um schichtweise aufgebaute, plättchenartige Minerale. Sie sind überwiegend kleiner als 0,002 Millimeter. Die Schichten der Tonminerale setzen sich aus einer Kombination von Silizium-, Sauerstoff-, Aluminium- und Wasserstoffatomen zusammen. Sie sind für die Bodeneigenschaften und die Ernährung der Pflanzen äußerst wichtig. Nach ihrem Kristallaufbau unterscheidet man Zweischicht-, Dreischicht- und Vierschichttonminerale sowie Wechsellagerungsminerale und Allophane. Mit Ausnahme der Allophane zeichnen sich Tonminerale durch einen typischen Aufbau ihrer Schichtpakete aus, der auch ihre jeweiligen Eigenschaften bestimmt. Die einzelnen Tonmineralplättchen weisen dabei eine Abfolge von mehreren Schichten oder Schichtsilikaten auf. Kaolinit ist ein Zweischichttonmineral mit stabilen Wasserstoffbrückenbindungen. Zweischichttonminerale sind deswegen nicht oder kaum quellfähig und auf konventionelle Art und Weise nicht düngefähig.

Hätte vor 2,6 Millionen Jahren nicht das Eiszeitalter begonnen, so würden wir heute in diesen vergleichsweise nährstoffarmen und mit konventionellen Methoden kaum düngefähigen Böden die Saat einbringen müssen. Somit ist das Eiszeitalter und insbesondere die letzte Eiszeit als eine von vielen Naturkatastrophen ein Glücksfall für uns, den modernen Menschen.

5.2 Lage auf Lage

Im Zuge des Wechsels von Eis- und Warmzeiten wurden die rötlichen, wahrscheinlich mehrere Meter mächtigen Böden im Pleistozän durch Bodenfließen und Erosion ausgeräumt. Nur an einigen Stellen des Taunus sind in relativ ebenen Lagen Überreste davon zu finden. An ihre Stelle traten über dem Saprolith Deckschichten, Solifluktionsschuttdecken oder Lagen aus Verwitterungsschutt. An manch einer Wegböschung im Stadtgebiet von Taunusstein sind diese Deckschichten mit der hangabwärtigen Einregelung gröberer Komponenten gut zu erkennen. Diese Schuttdecken werden heute in vier Lagen unterteilt: Basislage, Mittellage, Hauptlage und Oberlage.

Die Basislage ist aus dem direkt anstehen Gestein oder hangaufwärts vorkommenden Gesteinen gebildet worden. Das ohnehin schon „aufgeweichte" Gestein wurde durch intensive Frostsprengungsprozesse weiter gelockert und mehr oder weniger weit hangabwärts verlagert. Die Basislage ist primär frei von Löss, was darauf hinweist, dass diese Lage unter kühlfeuchtem Klima, wahrscheinlich zu Beginn einer Eiszeit, gebildet wurde, denn Löss konnte nur in trocken-kalten Klimaphasen während der Eiszeithöhepunkte verweht werden. Ein trotzdem örtlich vorzufindender Lössanteil ist auf Einspülung zurückzuführen. Das Alter der Basislage ist unbekannt.

Abb. 5.3 Hakenschlagen
Die Basislage geht fließend in den Saprolith über. Bei steil einfallenden Schiefern kann man beobachten, dass die oberste Verwitterungszone hangabwärts umgebogen ist (untere Bildhälfte). Man bezeichnet dies als Hakenschlagen.

Die Mittellage enthält stets einen höheren Anteil an Löss. Sie ist jedoch nur an vor Abtragung geschützten Reliefbereichen erhalten geblieben. Die Hauptlage, der örtlich noch eine Oberlage aus Verwitterungsprodukten anstehender Gesteine folgen kann, ist in Mitteleuropa flächenhaft verbreitet. Neben Löss enthält sie auch Material des Laacher See-Vulkans, die so genannte Laacher See Tephra (von griechisch téphra = Asche). Der letzte Ausbruch des Laacher See-Vulkans, dem die Tephra entstammt, ereignete sich vor 12.900 Jahren in der Eifel nahe der Stadt Mendig. Dieser Ausbruch erfolgte in einer wärmeren Phase der zu Ende gehenden letzten Eiszeit, dem so genannten Alleröd-Interstadial. Die Aschen des Ausbruchs überdeckten große Teile des Taunus. Ein letzter starker Kälteeinbruch gegen Ende der Eiszeit vor rund 12.400 Jahren leitete die so genannte Jüngere Tundrenzeit ein. Im Verlauf dieser Zeit wurde die Hauptlage unter Einarbeitung von Löss und des vulkanischen Materials gebildet. Der Beginn unserer Warmzeit vor 11.660 Jahren stoppte diese Prozesse, wodurch diese Lage unter einer sich rasch ausbreitenden Vegetation bis heute konserviert wurde.

5.3 Verbraunung und Verlehmung

Die Eiszeiten und insbesondere die Letzte stellten das Ausgangsmaterial der Bodenbildung: Schuttdecken und Lössablagerungen. Diese Substrate sind aber für sich genommen noch keine Böden. Erst unter dem Einfluss der bei Abbildung 5.1 genannten Faktoren bildet sich im Laufe der Zeit ein Boden, der sich zum Beispiel hinsichtlich seiner Struktur, Farbe und Körnung deutlich vom Ausgangssubstrat unterscheidet.

Eine Vielzahl an gesteinsbildenden Mineralen enthält Eisen. So auch diejenigen in den Schuttdecken. Diese sind seit ihrer Entstehung einer fortwährenden Verwitterung ausgesetzt. Dabei wurde Eisen freigesetzt und oxidiert. Unter gemäßigtem Klima entsteht das Eisen-Oxidhydroxid Goethit $FeO(OH)$, benannt nach Johann Wolfgang von Goethe, was den Böden keine rötliche, sondern eine braune Färbung verleiht. Zudem erhöht sich der Tongehalt des Bodens gegenüber dem Ausgangssubstrat der Bodenbildung durch weitere Verwitterung, denn die chemische Verwitterung der Silikate findet auch unter gemäßigtem Klima statt, wenn auch in deutlich geringerem Ausmaß als in den Tropen. Die Silikate werden dabei angegriffen und zerstört. Aus den Verwitterungsprodukten entstehen aufweitbare und somit Nährstoffe austauschende Tonminerale, wie zum Beispiel solche mit „exotisch" anmutenden Namen wie Illit und Montmorillonit. Man spricht bei diesen Prozessen auch von Verbraunung und Verlehmung.

Zeitgleich mit diesen Vorgängen führen Flora und Fauna stetig totes organisches Material dem Boden zu, sodass sich allmählich ein humoser Oberboden entwickelt. Auf diese Weise entstand in den eiszeitlichen Ablagerungen des Taunussteiner Stadtgebietes ein Bodentyp, der die charakteristische vertikale Abfolge von drei Zonen aufweist: ein mehr oder weniger dunkel gefärbter Oberboden, darunter ein brauner Bereich und schließlich der verwitterte Tonschiefer oder Quarzit, der Saprolith. Man findet diese drei Zonen, indem man einen Aufschluss gräbt oder eine Bohrung durchführt. Der Bodenkundler spricht aber nicht von „Zonen", sondern von Horizonten. Ganz falsch wäre es von „Schichten" zu sprechen, da die Abfolge von bestimmten Bodenhorizonten das Ergebnis einer vertikalen Entwicklung ist, der Bodenbildung. Den humosen Oberboden nennt man A-Horizont, den braunen Unterboden B-Horizont, gefolgt vom C-Horizont, der für das anstehende Gestein steht. Und ein Boden mit dieser Horizontabfolge nennt man Braunerde. Die Braunerde ist der am häufigsten anzutreffende Bodentyp im Taunussteiner Stadtgebiet.

Was ist ein Bodentyp?

Forscher neigen im Allgemeinen dazu, alle Dinge, mit denen sie sich beschäftigen, zu ordnen oder zu klassifizieren, das heißt in bestimmte Systeme einzuordnen. Das ist zum einen gut so und zum anderen auch in der Bodenkunde nicht anders. Deshalb gibt es die Bodensystematischen Einheiten, in denen die in der Bundesrepublik verbreiteten Böden zusammengestellt sind. Lebewesen werden von Biologen von der Domäne übers Reich bis hinunter zur Gattung, Art und Varietät in ein klares System eingeordnet. Ähnlich ist es beim Boden. Hier gibt es Abteilungen, Klassen, Typen, Subtypen und Varietäten.

Je nachdem wie stark das Wasser die Bodenentwicklung bestimmt (Wasserregime), unterscheidet man vier Boden-Abteilungen:
1) Terrestrische Böden (Böden außerhalb des Grundwassereinflusses),
2) Semiterrestrische Böden (Böden, die vom Grundwasser beeinflusst sind),
3) Semisubhydrische und *Subhydrische Böden* (Böden im Einfluss der Gezeiten und Unterwasserböden) und
4) Moore.

Böden, die sich im gleichen Entwicklungszustand befinden und die gleiche oder eine ähnliche Horizontabfolge aufweisen, werden innerhalb der Abteilungen zu Bodenklassen zusammengefasst. Innerhalb der Bodenklassen werden wiederum Bodentypen aufgrund bestimmter Horizontabfolgen, Horizontmerkmale oder Ausgangsgesteine unterschieden, d. h. bei ihnen liegen ganz bestimmte Konstellationen von Standortfaktoren vor. Abweichungen in den Horizontmerkmalen führen zu Subtypen und Varietäten.

Im Bereich des Taunushauptkammes, so etwa am Eichelberg oder Altenstein, ist in kleinen Arealen eine Sonderform der Braunerde anzutreffen, die so genannte Lockerbraunerde. Dieser Bodentyp hat einen hohen Anteil an feinen, vulkanischen Mineralen, der Laacher See Tephra oder Bims-Asche. Sie verleiht diesem Boden ein stabiles Gefüge bei einem geringen Raumgewicht, das weniger als ein Kilogramm pro Kubik-Dezimeter beträgt. Das ist leichter als Wasser.

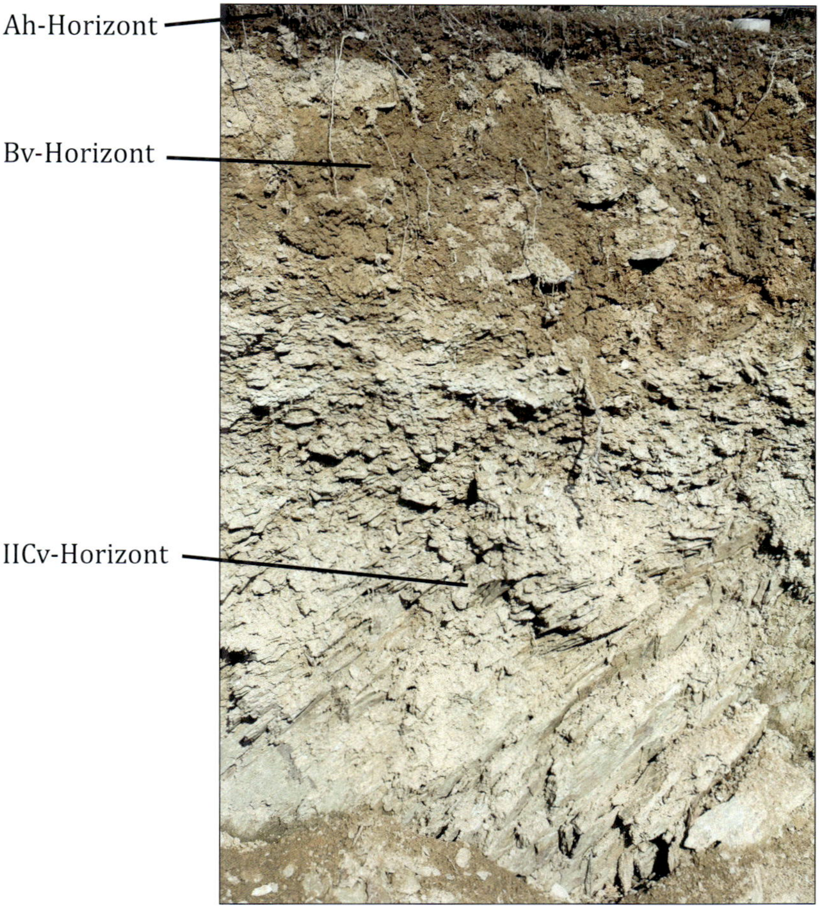

Abb. 5.4 Braunerde

Das Foto zeigt eine typische Braunerde mit einem Ah/Bv/IICv-Profil. Das Profil wurde im Jahr 2010 im Neuhofer Gewerbegebiet „Im Maisel" durch Bauarbeiten der Firma Feinkost Dittmann für ein Hochregallager aufgeschlossen. Am oberen Bildrand ist der humose Oberboden erkennbar. Der Buchstabe h steht in der Bodenkunde für humos. Darunter folgt der kräftig braune Unterboden. Der Buchstabe v steht für verwittert oder verbraunt. Schließlich folgen die verwitterten Schiefer, der IICv-Horizont (v für verwittert). Ah- und Bv-Horizont sind in der Hauptlage entwickelt. Darunter folgt die Basislage mit Hakenschlagen im Übergang zu den anstehenden, stark verwitterten Schiefern, dem Saprolith. Die römische zwei vor dem Cv-Horizont gibt an, dass hier tatsächlich eine Schichtgrenze im Ausgangssubstrat und keine Horizontgrenze vorliegt, nämlich die Grenze zwischen Hauptlage und Basislage.

Löss und Bodeneigenschaften

Die Beimengung von Löss in die Deckschichten wirkt sich sehr deutlich auf die Bodenbildung und die Bodeneigenschaften aus. Sie ermöglicht in vielen Fällen, trotz nährstoffarmem, grobkörnig verwitterndem Ausgangsgestein, eine gute Nährstoffversorgung der Böden sowie eine hohe Wasser- und Feldkapazität (Wasserkapazität = maximale Wasseraufnahmefähigkeit, Feldkapazität = Menge an Wasser, das gegen die Schwerkraft vom Boden gehalten werden kann). Betrachtet man zum Beispiel die Deckschichten über dem Quarzit des Taunuskammes, so fällt auf, dass die größeren Steine im Schutt recht scharfkantig sind. Dies verweist auf eine nur geringe Verwitterung des Gesteins seit der letzten Eiszeit, da eine stärkere chemische Verwitterung (Silikatverwitterung) zur Abrundung von Gesteinskanten führt. Diese Erscheinung findet sich jedoch nicht nur bei ohnehin schwer verwitterbaren Quarziten, sondern auch bei Schuttdecken aus weniger verwitterungsresistenten Gesteinen wie Tonschiefer. Ohne den Löss mit seiner großen Oberfläche wären die anstehenden Gesteine der Mittelgebirge unter den Klimaverhältnissen des Holozäns lediglich zu grobem Schutt verwittert. Die Lösskomponente in den Deckschichten führt nicht nur zu deutlich besseren Standorteigenschaften, sie ist auch bedeutend für die Bindung von Schadstoffen. Schwermetalle und organische Umweltgifte würden ohne den Lössanteil rasch durch die durchlässigen Deckschichten sickern und über Klüfte und andere Hohlräume im Gestein in das Grundwasser gelangen.

5.4 Weitere Typen

Im Bereich des Taunuskammes, so etwa um die Hohe Wurzel, die mit 618 Metern Höhe die zweithöchste Erhebung im Rheingau-Taunus-Kreis ist, findet sich in sandig-grusigen Ausgangssubstraten der Bodenbildung, bei relativ hoher Luftfeuchte, relativ niedrigen Jahresmitteltemperaturen und schwer zersetzbarer Streu von Nadelbäumen, der Bodentyp des Podsols. Der Name des Bodens ist der russischen Sprache entlehnt und bedeutet soviel wie "Ascheboden". Diese Bezeichnung ist recht passend, da typische Podsole an ihrem gebleichten, weißlichgrau gefärbten Oberboden zu erkennen sind. Im sauren Boden sorgen vor allem Pilze und Bakterien für den Abbau organischer Substanzen. Größere Bodentiere wie Regenwürmer sind an solchen Standorten eher selten.

Beim Zersetzen der organischen Substanz entstehen leicht mit dem Sickerwasser abtransportierbare organische Säuren, wozu etwa die Zitronensäure zählt. Diese Säuren „greifen" sich andere organische Stoffe sowie Eisen- und Manganoxid-Ionen, die mit den Säuren im Boden vertikal verlagert werden. Da die Oxide dem Boden die braune Farbe verleihen, bedeutet ihre Verlagerung in tiefere Bodenschichten ein Ausbleichen des

Oberbodens. Diesen Horizont bezeichnet man daher als Eluvial- oder Ae-Horizont (e vom lateinischen Verb eluere = ausspülen). Darüber folgt noch ein Ahe- oder Aeh-Übergangshorizont des Oberbodens. Im Unterboden hat das Ausspülen ein Ende. Dort lagern sich zuerst die organischen Substanzen ab und darunter die Oxide. Dadurch entsteht unter dem gebleichten Horizont ein dunkler Bh-Horizont (h von Humus), gefolgt von einem rötlichbraunen Bs-Horizont (s von Sesquioxide, eine Sammelbezeichnung für Oxide und Hydroxide des Aluminiums (Al), Eisens (Fe) und Mangans (Mn)). Der Bh-Horizont ist aus verschiedenen Gründen häufig nicht oder nicht deutlich sichtbar, sodass unter dem Bleichhorizont unmittelbar der rötlichbraune Horizont folgen kann. Den gesamten Vorgang bezeichnet man als Podsolierung.

Erfolgte im Boden eine vertikale Verlagerung von Bodenteilchen der Korngröße Ton und deren Anreicherung im Unterboden, so spricht man von einer Parabraunerde (von griechisch para = neben, abweichend). Die Parabraunerde besitzt ein Ah/Al/Bt/C-Profil. Der Buchstabe l steht für lessiviert (vom französischen lessiver = auslaugen im Sinne von Verlagern) und t für Tonanreicherung. Parabraunerden finden sich im Taunussteiner Stadtgebiet häufig auf den nach Osten, Nordosten oder Südosten exponierten Hängen asymmetrischer Täler auf denen während der letzten Eiszeit verstärkt Löss abgelagert wurde. Die Tonschicht im Unterboden kann zwar zu Staunässe führen, insgesamt gesehen ist die Parabraunerde aber ein landwirtschaftlich attraktiver Boden. Durch Erosion infolge intensiver Nutzung über Jahrhunderte sind die ursprünglichen Profile der Braunerden und Parabraunerden jedoch oft stark verkürzt. Man kann davon ausgehen, dass im Taunussteiner Stadtgebiet, sogar im gesamten Taunus, kaum noch Böden ohne Erosionsschäden vorkommen.

Im Bereich des Taunuskammes sind die pleistozänen Schuttdecken durch historische Waldrodungen zum Teil stark erodiert. Wo einst Braunerden entwickelt waren oder an exponierten Standorten finden sich extrem flachgründige Böden, Ranker genannt. Diese Böden sind sauer und nährstoffarm. Der Name dieses Bodentyps leitet sich vom österreichischen Begriff "Rank" für Berghalde oder Steilhang ab. Es sind schwach entwickelte, steinreiche Böden, die vom darunter befindlichen Festgestein geprägt sind und bei denen der von Lehm und Sand durchsetzte humose Oberboden (Ah-Horizont) direkt dem Festgestein aufliegt. Der Ah-

Horizont wird nicht mächtiger als 30 Zentimeter. Aufgrund ihrer Eigenschaften zählen diese Böden zu den Grenzertragsböden. Die forstliche Nutzung ist nicht besonders wirtschaftlich. Zum Erhalt einer Bodendecke ist sie jedoch zweckmäßig.

Abb. 5.5 Aktuelle Bodenerosion

Starkregenfälle bewirkten bei diesem Feld (Boden: Parabraunerde) zwischen Orlen und „Orlener Stock" zahlreiche Erosionsrinnen.

Die Korngrößen des Bodens

Die Korngrößenverteilung eines Bodens zählt zu seinen physikalischen Eigenschaften. In der Bodenkunde werden die so genannten Kornfraktionen Ton (Symbol T), Schluff (Symbol U), Sand (Symbol S), Kies (Symbol G) und Blöcke (ohne Symbol) unterschieden. Ton, Schluff und Sand zählen zum so genannten Feinboden. Kies und Blöcke zum Grobboden oder Bodenskelett. Man spricht auch von Körnung oder Bodentextur von lateinisch „textum" = Gefüge oder Bau).

Einteilung der Korngrößen des Feinbodens:

Ton	< 0,002 mm
Schluff	0,002-0,063 mm
Sand	0,063-2,00 mm

Größere Komponenten zählen zum Grobboden oder Bodenskelett.

Dem Boden wird in der Taunussteiner Gemarkung neben Prozessen der Bodenerosion auch anderweitig zugesetzt, etwa durch Bebauung. Aushub, Bauschutt oder beides in guter Mischung werden hin und wieder untergegraben oder zur Modellierung der Landschaft benutzt. Zudem wird für immer mehr Gewerbegebiete Fläche und somit Boden verbraucht. Auch die Holzernte durch den Forst setzt den Waldböden mitunter zu, da der Einsatz von schweren Maschinen vielfach zu Bodenverdichtungen oder zur völligen Zerknetung des Bodens bei feuchter Witterung führt. Eine fragliche Maßnahme ist zudem die Waldbodenkalkung in der Taunussteiner Gemarkung. So wurden zum Beispiel im Frühjahr 2011 Böden um die Hohe Wurzel, bei Wingsbach und im Bereich des Römerturms bei Orlen aus der

Abb. 5.6 Geländemodellierung
Zur Modellierung des feuchten Geländes der Ausgleichsfläche zwischen dem Wehener Neubaugebiet „Freiäcker" und dem südwestlich angrenzenden Wald zwecks Drainage wurden unter anderem Bauschutt und Erdaushub verwendet. Dabei wurde der natürliche Boden, eine erodierte Parabraunerde, komplett eingemischt. Die Aufnahme zeigt die fertig gestellte Modellierung im Sommer 2011.

Luft mit drei Tonnen Magnesiumkalk pro Hektar gekalkt (= 300 Gramm pro Quadratmeter). Dies soll der Versauerung der Böden durch Sulfateinträge als Folge des Straßen- und Luftverkehrs entgegenwirken, da die Versauerung des Bodens Wurzelschäden nach sich zieht. Zwar puffert die Kalkung den Säureeintrag, trotzdem bringt sie neue Probleme mit sich, da die Kalkung die Aktivität der Bodenlebewesen erhöht, was zu einem immer schnelleren Humusabbau und somit zu einem Nährstoffverlust führt. Dabei wird auch das Wasserspeicherungspotential der Böden herabgesetzt. Durch die kalkungsbedingte Überschuss-Mineralisierung und Nitrifikation erhöht sich die Gefahr der Nitratauswaschung ins Grund- und somit ins Trinkwasser. Im Körper des Menschen wird Nitrat in Nitrit und Nitrosamine umgewandelt, deren weitere Zerfallsprodukte als krebserregende Stoffe gelten.

Abb. 5.7 Bodenverdichtung
Keimende Ausfallsaat zeichnet auf diesem Feld zwischen Orlen und Wehen die Reifenspuren nach, in deren Bereich der Boden durch das Befahren verdichtet wurde. Dadurch hält sich, ähnlich einem Schwamm, die Feuchtigkeit deutlich länger im Boden, was der Saat in der Fahrspur einen Zeitvorsprung zum Keimen von wenigen Tagen verschafft.

Abb. 5.8 Flächenversiegelung
Der Mensch als Naturgewalt. Großflächige Versiegelung des oberflächennahen Untergrundes im Taunussteiner Gewerbepark „Orlener Stock". Man spricht auch von Bodenversiegelung, wenngleich der eigentliche Boden durch die Bebauung abgetragen wurde. Treffender ist daher der Begriff „Flächenversiegelung". Täglich wird in Deutschland eine Fläche von etwa 129 Hektar oder 175 Fußballfeldern versiegelt. Das sind bedenkliche Zahlen.

Das durch Erosion von den Hängen abgetragene Bodenmaterial finden wir heute im Bereich der Talböden Taunussteins als Auelehm. Dort wurde die Bodenentwicklung entscheidend vom Wasser gesteuert. Deshalb trifft man dort so genannte hydromorphe Böden an (von griechisch hydor = Wasser und metamorphein = umgestalten). Die vom Wasser beeinflussten Böden weisen Rostflecken, Bleichungen und Konkretionen auf. Konkretionen sind knollige, durch Oxidation und Reduktion gebildete Ansammlungen von zuvor gelöstem Eisen und Mangan.

Abb. 5.9 Bodenhomogenisierung

Bei feuchter Witterung führt das Gewicht von Forstmaschinen (Holzvollernter, Rückemaschinen) und der Radschlupf zur völligen Zerstörung der Bodenstruktur, zur so genannten Homogenisierung des Bodens, wie auf dem Foto zu erkennen ist. Der Boden wird einfach gesagt durchgeknetet. Der Schwerpunkt des Holzeinschlages oder der Holzernte fällt in die Monate Oktober bis März. Nicht immer ist der Boden gefroren, selten ist er völlig ausgetrocknet. Da Hessen-Forst auch Wirtschaftsunternehmen ist, müssen Verträge und Termine eingehalten werden, sodass Bodenschäden nicht immer zu vermeiden sind. Ehemals von Forstmaschinen belastete Böden weisen häufig eine Feuchtigkeit anzeigende Vegetation auf, da das homogenisierte Bodenmaterial zum einen wasserstauend wirkt, zum anderen das Niederschlagswasser wie ein Schwamm gegen die Schwerkraft festhält.

Abb. 5.10a Bodenbelastungen

Negative Einflüsse auf den Boden werden allgemein als Bodenbelastung bezeichnet. Dabei kann man zwischen zwei Arten der Belastung unterscheiden: Belastung durch Chemikalien oder Schadstoffe und Belastung durch physikalische Vorgänge. Bei Baumaßnahmen, wie hier im Baugebiet „Freiäcker" entlang der Dresdener Straße, kann es sowohl zu mechanischen Belastungen als auch zu Schadstoffbelastungen kommen. Zum Beispiel durch auslaufendes Hydrauliköl bei Baumaschinen sowie die Lagerung und unsachgemäße Handhabung von Schadstoffen oder belasteten Materialien. Aber es gibt in Taunusstein noch eine weitere Belastung des Bodens: die biologische Belastung, auch Hundekot genannt. Beispiele sind die Aar-Aue zwischen Hahn und Bleidenstadt (der Lebensraum des streng geschützten Dunklen Wiesenkopf-Ameisenbläulings), die Umgebung des Bolzplatzes in den Freiäckern oder landwirtschaftlich genutzte Flächen in der Gemarkung, wo „Stöckchenwerfen" ein zusätzliches Problem für die Landwirte oder besser gesagt für deren Maschinen darstellt, falls die Stöckchen nicht gefunden werden, weil der Hund des Apportierens nicht mächtig ist.

In den Auen trifft man den Bodentyp Gley (russisch = sumpfiger Boden) an. Etwa entlang der Aar, des Wingsbaches oder des Orlenbaches. Der Gley ist ein Grundwasserboden, der im tieferen Unterboden stets mit Wasser gesättigt ist. In diesem Gr-Horizont bewirkt Sauerstoffmangel eine Reduktion (r = Reduktion) und somit die Lösung von Eisen und

Abb. 5.10b Ein netter Hinweis der Landwirte
Der da heißt: „Nicht vergessen: Hier wächst Ihr Essen! Bitte nicht mit Hundekot verschmutzen. Vielen Dank, Ihre Landwirte."

Abb. 5.11 Das Aartal bei Wehen
Die Aufnahme zeigt das Aartal vom Aarmühlweg aus gesehen in Richtung Wehen. Zu beiden Seiten der Aar erstreckt sich der von Wiese bewachsene Auelehm, der als Viehweide dient. Bevor der Mensch in die Landschaft eingriff und somit durch Entwaldung und anschließende Erosion die Bildung des Auelehms auslöste, befanden sich auf den kiesreichen Ablagerungen der Eiszeit dichte Weichholzauen. Dabei handelte es sich um einen

Auwald aus Weiden und Erlen, der häufig überschwemmt wurde und unterschiedlichsten Strömungsverhältnissen ausgesetzt und angepasst war. Hierbei drängen sich unweigerlich die Stichworte „Renaturierung“ und „Europäische Wasserrahmenrichtlinie (WRRL)“ auf – und schlagartig das Unwort „naturnah“. Was ist naturnah? Vielleicht dem Bach sein ungefähres ursprüngliches Aussehen wiedergeben? Ein Ding der Unmöglichkeit. Denn dies würde bedeuten: Raus mit all dem Auelehm und rein die Weichholzaue auf Kiesbänken. Vielleicht sollte man die Aar einfach machen lassen, was sie will.

Mangan. Die gelösten Metalle werden entweder mit dem Wasser abgeführt oder wandern in feinsten Poren kapillar nach oben in den Go-Horizont (o = Oxidation) und werden in Wurzelröhren oder an Bodenaggregaten wieder oxidiert. Daher ist der Gr-Horizont meist grau, bläulich oder graugrün gefärbt, der Go-Horizont im Schwankungsbereich des Grundwassers weist hingegen Rostfleckung auf. Ein typischer Gley hat die Horizontfolge Ah/Go/Gr.

Abb. 5.12 Aar-Aue bei Neuhof
Aufgrund des häufig hohen Grundwasserstandes und episodischer Überschwemmungen, sind die Böden der Aue in der Regel Standort für Wiesen und Weiden.

In den Bachauen Taunussteins sind Gleye mit braunerdeähnlichen Braunauenböden (= Vega, von spanisch fruchtbare Ebene) vergesellschaftet, deren Oberböden aus Auensedimenten nicht im Schwankungsbereich des Grundwassers liegen. Sie weisen erst in größerer Bodentiefe hydromorphe Merkmale auf und haben die Horizontabfolge Ah/M/Go. M steht für Kolluvium (von lateinisch colluvio = Wirrwarr) und kommt von lateinisch migrare, was wandern bedeutet. Kolluvium ist das durch Erosion in die Auen gespülte Bodenmaterial.

Abb. 5.13 Braunauenboden
Die Aufnahme zeigt einen Prallhang der Aar südwestlich des Aartalhofes bei Wehen. Unter dem humosen Oberboden (Ah-Horizont) folgt der hellere Auelehm (M-Horizont und darunter der gräuliche Go-Horizont mit auffallender Rostfleckung.

Ebenfalls vom Wasser beeinflusst ist die Entwicklung von Pseudogleyen. Hier spielt nicht das Grundwasser, sondern Stauwasser die entscheidende Rolle. Pseudogleye besitzen unter dem A-Horizont einen wasserleitenden Sw-Horizont (w von wasserleitend), darunter folgt der stauende Sd-Horizont (d von dicht). Stauend wirken beispielsweise die mit Ton

Abb. 5.14 Pseudogley

Die typischen Merkmale eines Pseudogleys, hier die Marmorierung des stauenden Horizontes, kann man gelegentlich gut an den freiliegenden Wurzelballen von Fichten erkennen, die einem Sturm zum Opfer fielen. Bei länger andauernder Staunässe im Unterboden wurzeln Fichten recht flach. Bei Sturm bietet der aufgeweichte Boden schlechten Halt. Daher sind diese Standorte zumeist stärker durch Windwurf gefährdet.

angereicherten Unterböden von Parabraunerden, die dadurch nicht selten auch mehr oder weniger stark pseudovergleyt sind. Auch dichtere, feinerdereiche Schichten innerhalb der Schuttdecken wirken Wasser stauend. Dies wirkt sich insbesondere auf Verebnungen und Hochflächen aus. Typisches Merkmal dieser Böden ist der fahl gebleichte, Wasser leitende Sw-Horizont und die auffällige Marmorierung des Sd-Horizontes durch Eisen- und Manganausfällung.

Taunusstein und ganz Mitteleuropa hat der Naturkatastrophe Eiszeit forst- und landwirtschaftlich attraktive Böden zu verdanken. Boden ist Lebensgrundlage für Millionen Menschen. Bodenerosion, Bodenbelastung und Flächenverbrauch durch die Naturkatastrophe Mensch gefährden

Abb. 5.15 Bodenbearbeitung

Wildschweine haben unweit der Aarquelle nordöstlich von Orlen ganze Arbeit geleistet. Auf der Suche nach „Fleisch“ in Form von Engerlingen oder anderen Proteinen haben die Tiere die Grasnarbe umgepflügt. Dies bietet prinzipiell Keimlingen von Waldbäumen gute Startchancen ins neue Leben, sofern vom Menschen und vom übrigen Schalenwild gewünscht oder geduldet. Zudem wird der Bestand an Schadinsekten durch das so genannte „Brechen“ des Bodens dezimiert. Das haben Wildschweine so gemacht seit es Wildschweine gibt und es ist dem Boden bislang gut bekommen. Im Wald und auf der Wiese.

diesen „Segen“ der Natur jedoch seit Jahrhunderten, fortlaufend und immer schneller. Um einen forst- und landwirtschaftlich attraktiven Boden zu bilden, bedarf es Jahrtausende. Daher ist der gesetzlich verordnete Bodenschutz heute einer der wichtigsten Aspekte des Umweltschutzes. Man könnte auch sagen: rettet und bewahrt den Dreck zu unseren Füßen! Dass man mit dem Boden und der Umwelt in früheren Zeiten nicht zimperlich umgegangen ist, davon zeugen zahlreiche Spuren in Taunussteins Wäldern.

Abb. 5.16 Menschenboden

Der Mensch beeinflusst den Boden in vielfältiger Art und Weise. Damit ist er natürlich ein Boden bildender Faktor. Und es gibt einen Boden in der Gemarkung Taunusstein, der auf keiner Bodenkarte auftaucht, weil er stets kleinräumig auftritt, in der Summe dennoch große Flächen einnimmt: der Gartenboden oder Hortisol (von lateinisch hortus = Garten). Gartenböden entstanden an vielen Orten durch Jahrzehnte oder gar Jahrhunderte währende Bodenkultur (Gartenbaubetriebe, Hausgärten). Durch die intensive Bearbeitung sind sie meist reich an Bodenleben. Dem Bodenkundler oder Archäologen geben Gartenböden als Elemente der Kulturlandschaft zum Beispiel Auskunft über ehemalige Siedlungsplätze.

Kapitel 6

Die Wälder um Taunusstein
sind voller historischer Spuren
ihrer einstigen Nutzung.

Spuren im Wald

Spuren im Wald

„Sie rauchten überall, die Kohlenmeiler, und stellten die Feuer all der anderen Brenner in den Schatten. Kein Rauch übertraf den der Meiler. Sie rauchten über ihm, unter ihm, vor ihm, neben ihm und am Horizont bei Idstein. Der Taunus rauchte."

Aus „Der Köhler", Alexander Stahr, 2011

In den Wäldern um Taunusstein findet sich kaum ein Flecken, der nicht Spuren der vergangenen Eiszeiten aufweißt. Genauso hinterließ auch der Mensch überall seine Spuren seit frühester Zeit. In geologisch rasantem

Abb. 6.1 Terrassen am Halberg
Auf der nordwestexponierten Seite des Halberges (433 m) finden sich zahlreiche Terrassen, die auf eine ehemals ackerbauliche Nutzung hindeuten, wo heute Wald ist. In der Bildmitte verlaufen horizontal zwei Terrassenkanten, die von einer weiteren unterhalb davon gelegenen Terrasse aufgenommen wurden. Weitere Terrassen folgen darunter. Das Alter der Terrassen ist unbekannt. Mitunter beträgt die Sprunghöhe zwischen zwei Terrassen fast zwei Meter.

Tempo hat er die Landschaft umgestaltet, aus einer Natur- eine Kulturlandschaft geschaffen: Altstraßen, ehemalige Kohlenmeilerstandorte, Relikte des Ackerbaus in Form von Ackerterrassen, so etwa im Bereich des Hähnchenskopf bei Bleidenstadt oder im Hohewald bei Hambach, und nicht zuletzt der Limes – Kastelle und andere Hinterlassenschaften der römischen Besatzer zeugen davon. Das Ausmaß und die Formen der historischen Spuren in Taunussteins Wäldern zeigen, dass der Mensch bereits früh begann, in das Landschaftsbild einzugreifen. Gewaltige Ausmaße erreichten die Eingriffe gegen Ende des 18. Jahrhunderts und im beginnenden 19. Jahrhundert.

Abb. 6.2 Terrassen bei Hahn
Im Waldstück südöstlich der IGS Obere Aar finden sich ebenfalls zahlreiche Terrassen unter Wald. Sie ähneln denjenigen am Halberg. In der Bildmitte ist eine Terrassenkante erkennbar. Auch hier ist eine ackerbauliche Nutzung zu vermuten.

Abb. 6.3 Terrassen bei Wehen
Nordwestlich von Wehen im Wald zwischen Wehen und Wingsbach finden sich zahlreiche Terrassen, die in südöstliche Richtung exponiert sind. In der Bildmitte verläuft eine der vielen auffälligen Terrassenkanten. Auch hier dürfte es sich um Relikte historischen Ackerbaus handeln.

Aus prähistorischer Zeit sind nur Einzelfunde menschlicher Hinterlassenschaften aus der Taunussteiner Gemarkung bekannt. Wesentliche Eingriffe in die Umwelt sind für diese Zeit sicherlich auszuschließen. Erste nennenswerte Veränderungen des Landschaftsbildes um Taunusstein dürften in der Bronzezeit, Hallstattzeit und der Antike durch die Römer erfolgt sein. So etwa im Zuge der Anlage von Verkehrswegen oder der Errichtung der Kastelle Zugmantel bei Orlen, Heidekringen bei Wehen und des Limes. Römische Bauten erforderten Holz. Kastelle, der Limes und Straßen benötigten freie Sicht, ein einsehbares Umfeld. Daher waren umfangreiche Rodungen die Folge. Was wir heute bei Orlen unter dichter Vegetation finden, lag vor fast 2000 Jahren noch frei exponiert als Kastell unter gelegentlich blauem Himmel. Die Wachtürme des Limes wurden in

Sichtweite zueinander errichtet. Wald hatte da keinen Platz. Zudem mussten die stationierten Truppen von der Landwirtschaft versorgt werden, was ebenfalls waldfreie Gebiete erforderte; und Entwaldung bedeutet höhere Anfälligkeit des Bodens gegenüber Erosion.

Abb. 6.4 Rekonstruktion
Vor 40 Jahren wurde nahe des Kastells Zugmantel bei Orlen ein römischer Wachturm rekonstruiert, der so ähnlich bereits zur Römerzeit in einer waldfreien Landschaft gestanden haben dürfte, da der Blickkontakt von Turm zu Turm gegeben sein musste.

Abb. 6.5 Amphitheater am Zugmantel
Die Anlage befindet sich nördlich des Kastells Zugmantel unweit der Hühnerstraße. Verschiedene Funde lassen darauf schließen, dass hier einst Gladiatoren- und Tierkämpfe stattfanden. Ausführlichere Informationen finden sich vor Ort auf einer Informationstafel auf dem Weg zum Römerturm.

Abb. 6.6 Limes
Am Römerturm wurde ein Stück Limes nachgestellt. Dieser verläuft gut sichtbar als Wall zwischen Orlen und Hambach in südwestliche Richtung.

Abb. 6.7 Römer
So ähnlich könnte eine Szene vor dem Kastell Zugmantel ausgesehen haben.

6.1 Fahr zur Aar

In der Taunussteiner Gemarkung finden sich im Waldboden zahlreiche Relikte alter Straßen. Diese dienten zum Teil schon seit der Bronzezeit (2.200 v. Chr. bis 800 v. Chr.) als wichtige Verbindungswege, auf denen zum Beispiel Metalle, Salz, Waffen oder Schmuck über weite Strecken durch ganz Europa transportiert wurden. Man spricht bei diesen Straßen auch von Altwegen, Hohlwegen oder Wegehohlen. In ihrer heutigen Gestalt dürften sie aus dem späten Mittelalter und der frühen Neuzeit stammen. Eine genaue Alterseinstufung ist jedoch nicht möglich.

Die Hohlformen der Altwege entstanden durch ständiges Befahren bei gleichzeitiger Auswaschung durch Starkniederschläge. Zum Teil wurde auch Material im Zuge von Ausbesserungsmaßnahmen ausgeräumt. Häufig verlaufen mehrere Altwege parallel zueinander als regelrechte Wegebündel, wobei, je nach Zustand, mal der eine oder andere Weg befahren wurde. Heute zeigen sich die Begrenzungen der Altwege infolge jahrhundertelanger Erosion meist gerundet. Sie sind recht eindrucksvolle Zeugnisse vergangener Epochen und in der Regel geschützte Bodendenkmäler. Leider wurden die Hohlformen der Altstraßen in der jüngeren Vergangenheit oftmals verfüllt oder durch den Forstbetrieb eingeebnet. Eine detaillierte Zusammenstellung über Altwege in der Taunussteiner Gemarkung findet sich bei EICHHORN (1996: 179-210, siehe Literatur). Heute

Abb. 6.8 Altstraße bei Wehen
Im Bild sieht man einen Teil der Alten Wiesbaden-Wehener Straße. Ihre Überreste, dicht nebeneinander verlaufende Wegebündel, lassen sich parallel zum heutigen Forstweg über eine weite Strecke verfolgen. Die Straße verlief vom Bettelmannsbaum – eine alte Winter- oder Stein-Linde (Tilia cordata) – am Wehener Friedhof in südöstliche Richtung. An einigen Stellen wurde dieses kulturhistorisch bedeutsame Bodendenkmal im Zuge der Einrichtung des Friedwaldes „Hirschwiese" und durch forstliche Arbeiten in Mitleidenschaft gezogen. Diese einst schwierig zu fahrende Straße führte wie fast alle Verkehrswege über die Höhen des Taunus, denn diese waren vergleichsweise trocken, während in den Tälern bei Regenfällen kaum passierbare Wege, geschweige denn Brücken zu finden waren. Diese Altstraßen werden deshalb auch „Hohe Straßen" genannt.

verlaufen zahlreiche Forstwege über weite Strecken auf den Altwegen und eine schon in prähistorischer Zeit genutzte Altstraße ist heute eine wichtige Nord-Süd-Verbindung zwischen Limburg an der Lahn und Wiesbaden, die Mainz-Limburger Straße, besser bekannt als Hühnerstraße oder B 417.

Abb. 6.9 Hühnerstraße
Eine Altstraße heute. Die Bezeichnung "Hühnerstraße" für die Bundesstraße 417 soll auf das germanische „Huni" zurückgehen, den Namen für die Römer. Dieser stammt vom altgermanischen "hun" ab, dem Wort für dunkel oder schwarzbraun. Andere Erklärungen gehen von dem keltischen Wort "Hön" aus, welches hoch bedeutet, und sehen eine Anspielung auf die Größe von Grabhügeln. Man denke an „Hünen" und Riesen. Die genaue Herkunft von „Hühner" ist jedoch unklar.

6.2 Brandgeruch

Bis vor rund 200 Jahren waren Holz und insbesondere Holzkohle, sieht man einmal von Wind und fließendem Wasser ab, die wesentlichen Energieträger. Von großer wirtschaftlicher Bedeutung war daher die Köhlerei. Holzkohle wurde in großen Mengen vor allem zur Verhüttung von Erzen benötigt. Davon zeugen die zahlreichen historischen Kohlenmeilerstandorte um Taunusstein. So zum Beispiel am Eichelberg südöstlich von Wehen, am Altenstein oder um Hambach. Eine der zahlreichen

Meilerplatten am Eichelberg liegt zum Beispiel in unmittelbarer Nähe zu einem anderen kulturhistorischen Denkmal, dem Römerkastell „Heidenkringen", dessen Geschichte auf einer Informationstafel vor Ort ausführlich erläutert wird.

Abb. 6.10 Kohlenmeiler
Ähnlich wie dieser „Schaumeiler" aus dem 21. Jahrhundert, der jährlich in Eppstein-Ehlhalten errichtet wird, dürften in vergangenen Jahrhunderten die Kohlenmeiler um Taunusstein ausgesehen haben.

Für die Köhlerei wurde bevorzugt Buchen- und Eichenholz verwendet, weil es eine Kohle mit besonders hoher Dichte lieferte. Zum Errichten eines Kohlenmeilers benötigte man eine ebene Fläche. Da solche in den Mittelgebirgen rar sind, wurde eine etwa kreisrunde oder ovale Standfläche, die Meiler- oder Kohlplatte, hergestellt, indem man in den Hang grub und den Aushub talseitig anhäufte. Etwa 20 bis 30 Raummeter Holz schichtete man igluartig pro Meiler auf. Anschließend deckte man das Ganze mit feuchter Erde ab und befeuerte den Meiler über den so genannten Quandelschacht. Der Verkohlungsprozess dauerte etwa zehn bis 14 Tage. An der hellen Färbung des austretenden Rauches konnte der erfahrene Köhler erkennen, dass die Holzkohle hergestellt war. Während der Verkohlungszeit musste der Meiler ständig vom Köhler überwacht werden, um ein unkontrolliertes Abbrennen zu verhindern, denn es ging um wertvolles Gut. Je nach Zustand des Meilers wurden Löcher zur Sauerstoffzufuhr gestochen oder wieder verschlossen.

Abb. 6.11 Meilerplatte bei Hambach
In der Gemarkung Taunusstein, wie auch im gesamten Taunus, finden sich im Waldboden fast überall historische Kohlenmeilerplätze. So wie dieser bei Hambach. Wo sieht man den Meilerplatz? Nun, Meilerplätze lassen sich meist recht schlecht fotografisch darstellen. Dieser befindet sich genau in der Bildmitte. Die Bäume im Vordergrund markieren ungefähr den Verlauf der ovalen Kante, die den Platz hangaufwärts begrenzt (siehe Skizze einer Meilerplatte).

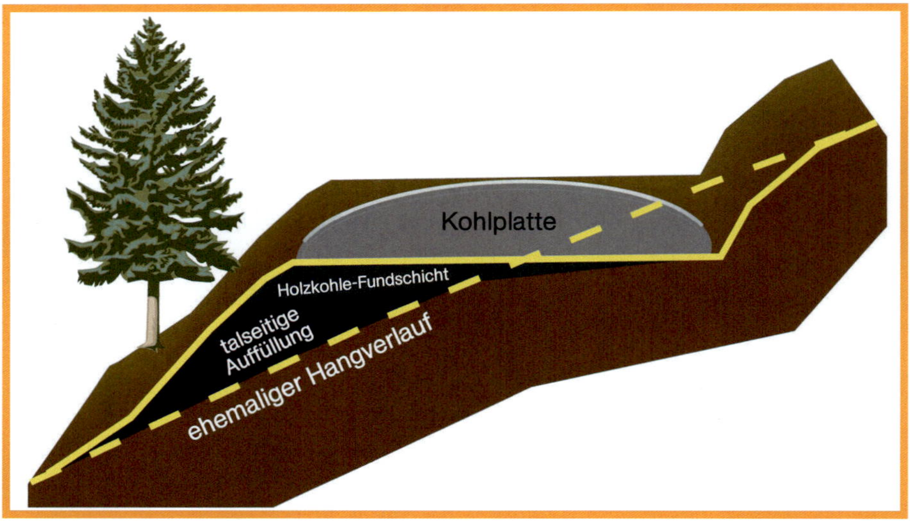

Abb. 6.12 Skizze einer Meilerplatte
Die Grafik zeigt schematisch den Querschnitt und Aufbau einer historischen Meilerplatte.

Abb. 6.13 Köhlerhütte
In solch primitiven Hütten hausten die Köhler bis zu 14 Tage lang.

Abb. 6.14 Historische Holzkohle
Typisch für die historischen Meilerplatten um Taunusstein und anderswo ist die Schicht aus kleinen Holzkohlestückchen unter der Streuschicht. Sie sind der eindeutige Nachweis, dass es sich bei der Verebnungsfläche im Hang um einen ehemaligen Meilerstandort und nicht um eine natürliche Hohlform handelt.

Die zum Teil recht großen Meilerplatten in Taunussteins Wäldern wie auch diejenigen in benachbarten Gemarkungen dürften aus dem ausgehenden 18. und frühen 19. Jahrhundert stammen. Das Kohlholz der damaligen Zeit bestand im Wesentlichen aus dürren Stangen eines Niederwaldes, denn über Jahrhunderte hinweg wurde Raubbau am Wald betrieben. Lediglich Bannwälder, die der Obrigkeit zur Jagd dienten, wurden verschont. Zumindest zeitweise, denn die heutige Gemarkung Taunusstein war rund 20 Jahre lang immer wieder Kriegsschauplatz im Verlauf der Koalitionskriege gegen Frankreich. Es ist daher zu vermuten, dass das Militär, gleich ob französisch, österreichisch oder hessisch, kaum Rücksicht auf die machtlose Obrigkeit von Nassau und sonstigen Kleinstaaten nahm. Holz wurde in großen Mengen gebraucht für Schanzen, Faschinen und andere militärische Zwecke, sodass insgesamt nur die dürren Stangen des Niederwaldes für die Köhlerei übrig blieben. Darin unterschieden sich die historischen Kohlenmeiler sicherlich von den heutigen Schaumeilern, für die dicke Holzscheite verwendet werden.

Allein die große Anzahl und Dichte der Meilerplatten, aber auch der notwendige Abstand eines Meilers zum Wald, lässt darauf schließen, dass es um Taunusstein lange Zeit keinen Hochwald gab. Der erhebliche Durchmesser der Platten von bis zu zwölf Metern lässt zudem vermuten, dass die Köhlerei nicht nur der Beschickung örtlicher Schmieden oder Hammermühlen diente, sondern mit großer Wahrscheinlichkeit industriell betrieben wurde. Etwa um größere Eisenwerke, wie zum Beispiel die Michelbacher Hütte, mit Holzkohle zu beliefern. Für die Herstellung eines Hufeisens brauchte man rund 60 Kilogramm Holzkohle. Das lässt erahnen, in welchem Umfang die Köhlerei betrieben werden musste, um den Bedarf an Holzkohle zu decken. Hochstämme konnten nicht so schnell nachwachsen, wie Holz zur Deckung der Nachfrage eingeschlagen wurde. Auch der Bedarf an Brennholz für die stetig wachsende Bevölkerung erforderte immer kürzere Umtriebszeiten. In vielen Gebieten des Taunus´ förderte dies die Ausbreitung von Wäldern aus Bäumen, die gut vom Stock ausschlagen. Bevorzugt aus Eiche, aber auch aus Hainbuche, Esche, Elsbeere oder Hasel. Der Vorteil der Niederwälder: Die Wurzelstöcke der Bäume treiben nach dem Fällen erneut aus und bilden nach etwa 20 bis 25 Jahren einen neuen Bestand, der erneut verkohlt werden kann.

Gegen Ende des 18. Jahrhunderts war der Waldanteil im Taunus infolge der starken Nutzung extrem zurückgegangen. Die Verwüstung war so weit fortgeschritten, dass eine Energiekrise drohte. Bis ins frühe 19. Jahrhundert gab es keinen Hochwald mehr, wie wir ihn heute um Taunusstein haben. Aus diesem Grund wurde die Nutzung des Waldes durch Verordnungen geregelt. Die Forstgesetze zielten von nun an auf nachhaltige Waldbewirtschaftung und dauerhafte Walderhaltung ab. Schon im Jahr 1713 formulierte Hans Carl von Carlowitz (1645–1714) in seinem Werk über die Forstwirtschaft „Sylvicultura oeconomica, oder haußwirthliche Nachricht und naturmäßige Anweisung zur wilden Baum-Zucht" den Begriff „Nachhaltigkeit".

Im Zuge systematischer Aufforstungen wurden in den Tauruswäldern auch schneller wachsende Nadelgehölze wie Fichten, Douglasien, Kiefern und Lärchen in Reinbeständen eingeführt. Doch solche Monokulturen waren anfällig gegen Schädlinge, die Kiefern gegen Schneebruch. Dem Wind fiel die Fichte vielerorts zum Opfer. Auch heute noch, insbesondere auf Pseudogley-Standorten. Infolge der lang anhaltenden Vernässung des Unterbodens bildet die Fichte nur recht flache Wurzelteller aus. Bei für den Baum günstigen Bodenverhältnissen wachsen hingegen stabilisierende Senkwurzeln tief in den Untergrund. Zudem bietet der nasse Boden bei Sturm nur ungenügenden Halt.

Fichte und Pseudogley

Die Fichte findet auf Pseudogleyen nur ungenügend Halt. Dafür gibt es folgende, wesentliche Gründe: Die Wurzelatmung eines gesunden Baumes erfordert grobe Poren im Boden. Der Unterboden von Pseudogleyen (Sd-Horizont) ist dicht gelagert, arm an Grobporen und nass. Sowohl dort als auch im Wasser stauenden Sw-Horizont herrschen häufig Sauerstoffmangel und Kohlenstoffdioxidüberschuss. Bei starkem Sauerstoffmangel und Kohlenstoffdioxidüberschuss sterben die Wurzeln der Fichte ab. Daher bleiben sie so gut es geht nahe der Bodenoberfläche und bilden flache Wurzelteller aus. Zudem dringt die Wurzelspitze der Fichte bevorzugt in weniger dichte Bodenhorizonte ein. Der mit Wasser gesättigte und durchwurzelte Bodenbereich bietet bei starkem Wind nur ungenügend Halt, weil Wasser nicht komprimierbar ist. Sind die Poren des Bodens mit Wasser gesättigt, kommt es bei Druck auf die Baumwurzeln und somit auf den Boden durch starke Winde zur Nullreibung zwischen den Bodenbestandteilen, und der Baum kann umstürzen.

Abb. 6.15 Fichtenbestand oberhalb von Wehen an der Wiesbadener Straße.

Seit mehreren Jahrzehnten ist die Forstwirtschaft daher bestrebt, wieder einen ökologisch stabilen Mischwald mit unterschiedlichstem Wurzelsystem und unterschiedlichster Wurzelenergie aufzubauen. Das, was wir heute als Wald kennen, war aus all diesen Gründen noch nie ein Urwald. Dichte Urwälder, in denen sich Räuberbanden vor etwa 200 Jahren versteckt haben sollen, gehören also ins Reich der Märchen, in die Fantasie von Schriftstellern.

Abb. 6.16 Windwurf
Im Jahr 2010 warf Sturmtief "Xynthia" zahlreiche Fichten in Taunussteins Wäldern um. So auch hier, südlich des Bolzplatzes im Neubaugebiet Freiäcker.

Gelegentlich gibt heute ein historischer Meilerplatz sein Innenleben unfreiwillig preis, weil die Form beim Forstwegebau angeschnitten wurde. An derartigen Anschnitten kann man den typischen Aufbau der Meilerplatten erkennen.

Abb. 6.17 Profil eines historischen Köhlerplatzes

Die angeschnittene Meilerplatte ist beispielhaft für ehemalige Kohlenmeilerstandorte im Untertaunus. Sie ist mindestens 200-250 Jahre alt und zeigt eine für solch ehemalige Kohlenmeilerstandorte typische Schicht- oder Horizontabfolge:

Streuschicht

Bestandesabfall aus Blättern und Nadeln von Traubeneiche (Quercus petraea) und Fichte (Picea abies).

Erdaushub

Unter der Streuschicht lagert bei diesem Profil Aushub vom Forstwegbau.

Holzkohle

Das für Köhlerplätze, Kohlplätze oder Meilerplatten charakteristischste Merkmal ist die Schicht aus Holzkohlestückchen.

Frittungszone

Durch die große Hitze eines Kohlenmeilers wurden die Eisenoxide des Bodens umgewandelt. Das Oxidhydroxid Goethit [FeO(OH) – nach dem deutschen Dichter Johann Wolfgang von Goethe (1749-1832)], das den Böden die typisch braunen Farbtöne verleiht, wurde durch Wasserentzug in das rötlich erscheinende Eisenoxid Hämatit (Fe_2O_3 von griechisch "haimatoeis" = blutig) umgewandelt, welches auch für rote Böden, wie sie zum Beispiel im Mittelmeerraum oder in den Tropen vorkommen, verantwortlich ist.

Eiszeitliche Schuttdecke (Hauptlage) über Quarzit

Jeder, der schon einmal einen Schaumeiler in Betrieb gesehen hat, weiß, welchen Geruch er abgibt. Im Untertaunus dürften es vor rund 200 Jahren und früher zeitweilig Tausende gewesen sein; unzählige im gesamten Taunus. Hinzu kam der Rauch von Aschebrennern, Rußbrennern, Schmieden, Glashütten und vielen anderen Energieumwandlern im Taunus – natürlich auch der Rauch aus Kaminen. Es ist zwar Spekulation, doch vor dem Hintergrund der Geländebefunde in der Taunussteiner Gemarkung und andernorts im Taunus sowie zahlreicher Indizien dürfte Brandgeruch im Taunus über Jahrhunderte alltäglich gewesen sein.

Abb. 6.18 Ausräumung eines Kohlenmeilers

Die Rauchentwicklung im Zuge der Löschung dieses Schaumeilers spricht für sich. Bereits während des Betriebes dieses Meilers bei Eppstein-Ehlhalten war der Brandgeruch schon von weitem wahrzunehmen – der Brandgeruch eines einzigen Meilers wohl bemerkt.

Neben Niederwäldern prägten parkähnliche Landschaftsbereiche mit einzeln oder in Gruppen stehenden Hutebäumen das Antlitz des Taunus und der oberen Aar (Hute von hüten, das Vieh hüten). Ein Grund dafür war die Waldweide, die einer Naturverjüngung entgegenwirkte. Die Bauern trieben Rinder, Schweine, Pferde, Schafe und Ziegen in den Wald, der dem Vieh reichlich Futter bot. Bis zur Einführung der Kartoffel als Futterpflanze im 18. Jahrhundert war die Waldweide für die Menschen unentbehrlich. So erfolgte die Schweinemast fast ausschließlich im Wald. Hinzu kamen die Entnahme von jungem Holz und die Nutzung des Laubes als Einstreu für die Stallungen. Dies bedeutete einerseits eine Störung im Nährstoffkreislauf und auf der anderen Seite wurden Keimlinge durch das Herausrechen des Laubes zerstört. Dies alles zusammen führte dazu, dass einzelne Eichen und Buchen bei hohem Lichtgenuss weit ausladende Kronen mit tief ansetzenden Ästen ausbilden konnten. Diese Bäume trugen auch mehr Früchte zur Schweinemast. Hutewälder, aus heutiger Sicht eine Umweltsünde, hatten für Mensch und Tier früherer Jahrhunderte Vorteile. Sie boten dem Vieh durch die großen Abstände zwischen den Bäumen ausreichend Weidefläche, die Bäume selbst gaben Vieh und Hirten Schatten

Abb. 6.19 Hutewald
So ähnlich kann man sich Hutewälder vorstellen. Einzelne Bäume oder Baumgruppen prägten parkähnliche Landschaftsbereiche, dazwischen Weideflächen.

sowie Schutz bei Dauerregen. Indizien für den Zustand des Waldes in früheren Zeiten können Berg- und Flurnamen sein. So beispielsweise der Eichelberg bei Wehen, der Heidenkopf bei Orlen oder der Lichtewald bei Bleidenstadt.

Zur Waldverwüstung und Luftverschmutzung kam in den vergangenen Jahrhunderten eine Vielzahl weiterer Umweltsünden hinzu. Nicht umsonst gibt es den Namen „Schwarzbach" bei Wehen. So ist für einen weiteren Schwarzbach bei Hofheim am Taunus in historischen Quellen belegt, dass dieses Gewässer seit dem 18. Jahrhundert durch Lohgerbereien so stark verschmutzt war, dass es schwarz wie Ruß daherkam. Auch die Aar diente sicherlich als Abwasserkanal, aber auch zum Antrieb von Hammerwerken; so etwa von der zweiten Hälfte des 17. bis zur Mitte des 18. Jahrhunderts in der Hahner Eisenschmelze oder im Anfang des 18. Jahrhunderts errichteten

Abb. 6.20 Stangenholz
Vergleichbar dürften die Niederwälder vor mehr als 200 Jahren um Taunusstein zwischen Hutewäldern ausgesehen haben. Das Bild zeigt einen Eichen-Niederwald zwischen Idstein-Ehrenbach und Idstein-Oberauroff.

Eisenhammer zu Bleidenstadt. Zudem trieb das Wasser der Aar eine große Anzahl von Mühlrädern an. Für diese Zwecke wurden Mühlgräben angelegt und der Bachverlauf völlig verändert, rigoros umgeleitet. Anfang des 19. Jahrhunderts war der Bach in der Taunussteiner Gemarkung bereits begradigt. Die Flurbereinigung in den sechziger Jahren des 20. Jahrhunderts trug ein Übriges dazu bei.

Zu allem Überfluss herrschte von Anfang des 15. bis Mitte des 19. Jahrhunderts die so genannte „Kleine Eiszeit, auch „Neuzeitliches Klimapessimum" genannt. Im Verlauf dieser natürlichen Klimavariation gab es in Europa oft sehr kalte und lange Winter. Die Sommer waren häufig niederschlagsreich und kühl. Missernten und Hungersnöte gingen damit einher. Vor dem Hintergrund der Übernutzung der Landschaft und der Verwüstung der Taunuswälder bedeutete dies eine erhöhte Erosionsaktivität. Vor allem im 17. und 18. Jahrhundert. Es entstanden im Wassereinzugsgebiet der Aar zahlreiche Erosionsschluchten mit Schwerpunkt um den unteren Mittellauf und Unterlauf des Baches. Aufgrund der vergleichsweise geringen Hangneigungen an der Oberen Aar blieb die Gemarkung Taunusstein weitgehend von den bis zu mehreren Metern tiefen Erosionsformen verschont.

6.3 Moderne Zeiten

Die Landschaft um Taunusstein wurde in den vergangenen 100.000 Jahren von der letzten Eiszeit und von den Tätigkeiten des Menschen geprägt. In den zurückliegenden Jahrhunderten hat der Mensch enormen Raubbau an der Landschaft und ihren Ressourcen betrieben – aus der Not heraus, aus Gier, für Kriege, aus Unwissen- oder Unbedarftheit sowie aus vielen anderen Gründen. Was der Glücksfall Naturkatastrophe Eiszeit hinterließ, hat der Mensch in der Taunussteiner Gemarkung und überall in Mitteleuropa zu einem beträchtlichen Teil wieder zunichte gemacht. Stichworte: Entwaldung, Bodenerosion, Bodenbelastung, Flächenversiegelung. Die nächste Eiszeit kommt mit großer Wahrscheinlichkeit. Aber das dauert für das menschliche Zeitgefühl noch eine ganze Weile. Zum Glück, denn eine neue Eiszeit würde für unsere dicht besiedelte und hochtechnisierte Welt, ähnlich einem Meteoriteneinschlag, vermutlich das Aus bedeuten. Doch weg von Spekulationen und zurück zur Gegenwart. Der Mensch hat aus Fehlern gelernt und umgedacht. Der Gedanke des Umwelt- und

Naturschutzes wurde entwickelt, und man besann sich auf Nachhaltigkeit. Agenda 21 und Fauna-Flora-Habitat-Richtlinie (FFH) seien nur zwei aktuelle Stichworte hinsichtlich dieser Entwicklung. Seit Beschluss der Stadtverordnetenversammlung vom Oktober 1997 gibt es in Taunusstein die Lokale Agenda 21, an der sich alle Bürgerinnen und Bürger Taunussteins unter anderem mit neuen und innovativen Ideen zu Umwelt, Energie, Mobilität, Historie sowie zur Verschönerung des Stadtbildes beteiligen können.

Heute gibt es in der Taunussteiner Gemarkung neben FFH-Gebieten und einem geschützten Landschaftsbestandteil drei Naturschutzgebiete: „Eschbachtal bei Wehen", „Neuhofer Heide" sowie „Silberbach, Schwarzbach und Fürstenwiese bei Wehen". Zudem liegt das gesamte Stadtgebiet Taunussteins im Naturpark Rhein-Taunus.

Naturpark

Ein Naturpark ist eine Schutzgebietskategorie gemäß Bundesnaturschutzgesetz (BNatSchG). Dort heißt es:

"§ 27 Naturparke

(1) Naturparke sind einheitlich zu entwickelnde und zu pflegende Gebiete, die
1. großräumig sind,
2. überwiegend Landschaftsschutzgebiete oder Naturschutzgebiete sind,
3. sich wegen ihrer landschaftlichen Voraussetzungen für die Erholung besonders eignen und in denen ein nachhaltiger Tourismus angestrebt wird,
4. nach den Erfordernissen der Raumordnung für Erholung vorgesehen sind,
5. der Erhaltung, Entwicklung oder Wiederherstellung einer durch vielfältige Nutzung geprägten Landschaft und ihrer Arten- und Biotopvielfalt dienen und in denen zu diesem Zweck eine dauerhaft umweltgerechte Landnutzung angestrebt wird und
6. besonders dazu geeignet sind, eine nachhaltige Regionalentwicklung zu fördern.

(2) Naturparke sollen entsprechend ihren in Absatz 1 beschriebenen Zwecken unter Beachtung der Ziele des Naturschutzes und der Landschaftspflege geplant, gegliedert, erschlossen und weiterentwickelt werden."

Auch wenn in den achtziger Jahren des 20. Jahrhunderts vor dem Hintergrund der neuartigen Waldschäden – kurz Waldsterben genannt – prognostiziert wurde, dass es spätestens im Jahre 2010 keinen Wald mehr gäbe, sind die Wälder in der Taunussteiner Gemarkung heute in einem Zustand, der nie besser war seit der Römerzeit. Trotz der vielen Spinner und Spanner. Gemeint sind Forstschädlinge wie der Schwammspinner und Eichenprozessionsspinner sowie der Kleine und Große Frostspanner. Hessen-Forst lässt seit dem Jahr 2001 die Waldbewirtschaftung nach den Vorgaben des „Programme for the Endorsement of Forest Certification Schemes“ (Programm für die Anerkennung von Waldzertifizierungssystemen, kurz PEFC) durch unabhängige Gutachter hinsichtlich einer ökologisch, ökonomisch und sozial ausgewogenen Waldbewirtschaftung überprüfen.

Naturschutzgebiet

Abb. 6.21 Schild: Naturschutzgebiet

Dieses Schild im Naturschutzgebiet „Eschbachtal bei Wehen“ weißt darauf hin, dass das Betreten abseits von Wegen, die Entnahme von Pflanzen, das Campen und das Entfachen von Feuer im Naturschutzgebiet streng untersagt ist.

Ein Naturschutzgebiet ist eine ausgewiesene Fläche, in der Landschaft, Tiere und Pflanzen streng geschützt sind. Damit soll ein abgegrenztes und unter Naturschutz gestelltes Ökosystem so erhalten werden wie es ist. Die gesetzliche Grundlage für die Ausweisung eines Naturschutzgebietes ist das Bundesnaturschutzgesetz. In Naturschutzgebieten ist alles verboten, was zu einer Zerstörung, Beschädigung oder Veränderung des Naturschutzgebietes in Teilen oder im Ganzen führen kann. Auch die landwirtschaftliche Nutzung, das Betreten abseits von Wegen, die Entnahme von Pflanzen, Campen und das Entfachen von Feuer sind in Naturschutzgebieten in der Regel untersagt. Naturschutzgebiete sind verbindlich festgelegt. Das heißt, sie können nicht durch andere Interessen der Allgemeinheit rückgängig gemacht werden; man sagt auch: nicht überwunden werden.

FFH

Diese Buchstaben stehen für Fauna (Tiere), Flora (Pflanzen) und Habitat (Lebensraum). Dabei handelt es sich um eine Naturschutz-Richtlinie der Europäischen Union. Sie wurde im Jahr 1992 für ein zusammenhängendes Netz von Schutzgebieten beschlossen, Natura 2000 genannt. Ziel ist der länderübergreifende Schutz von vom Aussterben bedrohten Tier- und Pflanzenarten sowie ihrer Lebensräume.

Abb. 6.22 Neuhofer Heide

Das 11 Hektar umfassende Naturschutzgebiet „Neuhofer Heide" bei der Siedlung Platte ist ein ehemaliger Segelflugplatz nach dessen Aufgabe sich die Vegetation zu montanem Borstgrasrasen und Heidekrautbewuchs umstrukturierte.

Ähnliches wie für den Wald trifft für die Aar und ihre Aue zu. Auch der Bach ist gegenüber früheren Zeiten heute in einem vergleichsweise guten Zustand, sieht man von hineingeworfenen Zivilisationsgegenständen wie Getränkeflaschen und Einkaufswagen einmal ab. Dabei war die Aar doch noch in der Nachkriegszeit eine mit Abwässern belastete Kloake. Dies änderte sich bei steigendem Umweltbewusstsein mit der Verbesserung des Kanalnetzes und der Errichtung der Kläranlage bei Bleidenstadt.

Abb. 6.23 Kläranlage
Die 1971 errichtete und in den 80er Jahren erweiterte mechanisch-biologische Kläranlage des Abwasserverbandes Obere Aar am westlichen Ortsrand von Bleidenstadt ist für 50.000 Einwohner ausgelegt und arbeitet nach dem Prinzip der Gewässerselbstreinigung.

Kapitel 7

"Taunusstein hat's!" Auch Wanderwege zuhauf.

Wandern und Sehenswertes

Wandern und Sehenswertes

„Die Landschaft erobert man mit den Schuhsohlen, nicht mit den Autoreifen."

Georges Duhamel (1884-1966)

Taunusstein bietet naturinteressierten Wanderern und Erholungssuchenden eine Vielzahl gut begehbarer Wege. Sie führen vorbei an kulturhistorischen Sehenswürdigkeiten wie den Kastellen Heidekringen und Zugmantel und bieten interessante Einblicke in die Kulturlandschaft um Taunusstein mit den Hinterlassenschaften der Eiszeit. Hervorzuheben sind insbesondere der Aar-Höhenweg und die Taunussteiner Runde, zwei Weitwanderwege, die im Grunde genommen alle interessanten Routen in und um Taunusstein umfassen.

Abb. 7.1 Die Quellmulde der Aar
Die weite Quellmulde der Aar bildet den Ausgangspunkt für den Aar-Höhenweg.

7.1 Aar-Höhenweg

Dieser rund 62 Kilometer lange Weitwanderweg folgt dem Lauf der Aar und beginnt bei ihrer Quelle nahe Orlen. Schon zur Zeit der Römer verband der Aar-Höhenweg Kastelle entlang des Limes. Er führt über Wehen, Hahn und Bleidenstadt und erreicht dann die Gemarkung Bad Schwalbach. Hohenstein, Heidenrod, Aarbergen und Hahnstätten liegen an der Strecke, die in Diez endet. Der Wanderweg ist durch ein Logo markiert, welches schematisch den Verlauf der Aar zeigt. Ausführliche Informationen (z. B. Höhenprofil, Höhenmeter, Wegverlauf, Einstiegsmöglichkeiten) finden sich bei den Suchmaschinen im Internet unter dem Stichwort „Aar-Höhenweg".

Abb. 7.2 Aarquelle
Die Quelle der Aar ist heute in der weiten Quellmulde durch einen großen Gesteinsbrocken markiert, unter dem das Quellwasser gefasst durch ein Rohr austritt.

7.2 Taunussteiner Runde

Im Jahr 2010 richtete die Bürgerstiftung Taunusstein nach langen Vorbereitungen und einzelnen Wanderetappen mit interessierten Bürgerinnen und Bürgern den rund 40 Kilometer langen und ganzjährig begehbaren Wanderweg „Die Taunussteiner Runde“ um die Gemarkung Taunusstein ein. Sie führt zu vielen kulturhistorischen Sehenswürdigkeiten, etwa zum Kleinkastell Heidekringen, Kastell Zugmantel und zu den Taunussteiner Naturschutzgebieten wie der Neuhofer Heide. Beschreibungen der Teilstrecken finden sich im Internet unter www.buergerstiftung-taunusstein.de.

Abb. 7.3 Taunussteiner Runde
Wanderer auf der Taunussteiner Runde an der Rekonstruktion des römischen Wachturmes bei Orlen.

Abb. 7.4 Am Zugmantel
Am Amphitheater und im Bereich des Kastells Zugmantel kann man während der Wanderung auf Informationstafeln interessante Dinge über die Römer in Taunusstein erfahren.

Abb. 7.5 Aartal
Auf der Taunussteiner Runde behält man den Überblick. Hier: Blick von Seitzenhahn über das Aartal.

Abb.7.6 Bettelmannsbaum
Die alte Winter-Linde (Tilia cordata) am Wehener Friedhof, Bettelmannsbaum genannt, war früher Sammel- und Lagerplatz des fahrenden Volkes und ist heute willkommener Rastplatz auf der Taunussteiner Runde mit Blick auf Wehen und Hallberg.

Abb. 7.3 Informationstafel zur Taunussteiner Runde
Die Tafel (hier auf der Eisernen Hand) informiert über den Verlauf der Route sowie über Sehenswürdigkeiten am Wegverlauf.

nach
Limburg
H
Niederlibbach
B417
7
nach Idstein
G
E
Hambach
6
F
B275
I
I
Orlen
5
Neuhof
ngsbach
D
Aar
Wehen
3
Hahn
B
4
Platte
A
C
B417
2
nach Wiesbaden
B54
Eiserne Hand
nach Wiesbaden

Literatur

BÜCKING, H. (2003): Hahner Geschichte.- 63 S.; Driesen.

DAMMBECK, R. (2011): Zeugnisse der historischen Landnutzung. Idsteiner Land: Spuren der Vergangenheit finden sich in der Kulturlandschaft.- Jb. Rheingau-Taunus-Kreis, 62: 107-110; Bad Schwalbach.

DAMMBECK, R., & STAHR, A. (2007): Wovon Räuber Leichtweiß, Schinderhannes & Co. Nur träumen konnten. Spuren historischer Waldnutzung im Idsteiner Land.- Jb. Rheingau-Taunus-Kreis, 59: 123-126; Bad Schwalbach.

EICHHORN, E. (1996): Taunusstein an alten und neuen Fern- und Landstraßen.- In: Taunusstein, Bd. 1 Landschaft und Natur: 179-210; Taunusstein.

SEMMEL, A. (1968): Studien über den Verlauf der jungpleistozänen Formung in Hessen.- Frankfurter Geogr. H., 45: 133 S.; Frankfurt am Main

SEMMEL, A. (1993b): Grundzüge der Bodengeographie.- 3. überarb. Aufl., 127 S.; Stuttgart (Teubner).

SEMMEL, A. (2000): Holozäne Umweltentwicklung im Spiegel der Böden.- Rundgespräche der Kommission für Ökologie, Bd. 18: 129-136; München.

SIPPEL, K., & STIEHL, U. (2006): Archäologie im Wald. Erkennen und Schützen von Bodendenkmälern (Kassel).

STAHR, A. (2011): Umwelt in großem Ausmaß zerstört. Dimension der Köhlerei vor 200 Jahren übertraf bisherige Vorstellungen.- Jb. Rheingau-Taunus-Kreis, 62: 115-116; Bad Schwalbach.

STAHR, A. (2011): Der Köhler. Ein historischer Taunus-Roman; 240 S.; Societäts Verlag (Frankfurt am Main).

STAHR, A., & BENDER, B. (2007): Der Taunus. Eine Zeitreise. Entstehung und Entwicklung eines Mittelgebirges.- 253 Abb., 253 S.; Stuttgart (Schweizerbart).

STOLZ, C. (2005): Hinweise auf prähistorische Bodenerosion im Stadtwald von Bad Schwalbach (Rheingau-Taunus-Kreis).- Jb. Nassauischer Ver. Naturkde., Bd. 126: 45-55; Wiesbaden.

STOLZ, C. (2008): Historisches Grabenreißen im Wassereinzugsgebiet der Aar zwischen Wiesbaden und Limburg.- Geol. Abh. Hessen, Bd. 1: 138 S. Wiesbaden.

WILHELMI, E. (1957): Wehen und sein Grund.- 523 S.; Wehen.

Internet

www.taunusstein.de

Heimatkunde – Westerwald & Taunus

Bisher sind folgende Bände erschienen:

1. *Klaus Künzler*: Der historische Bergbau des Lahngebiets
2. *Kathrin Bittger*: Die Böden des Gelbachtals
3. *Verena Jungbluth*: Die Bodenschätze des Vorderwesterwaldes
4. *Willi Bode:* Balduinstein
5. *Alexander Stahr:* 100.000 Taunusstein

Weitere Bücher sind in Vorbereitung

Zusätzliche Informationen finden Sie im Internet unter:
http://www.lahnbrueck-verlag.de